로봇 수업

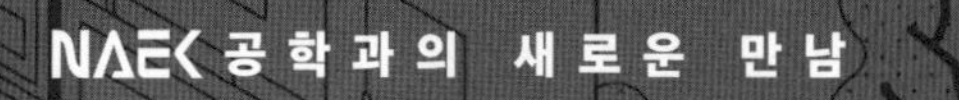

로봇 수업

인공 지능 시대의
필수 교양

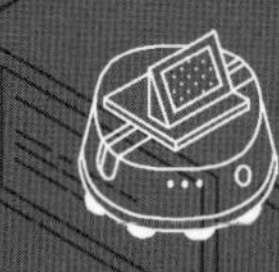

존 조던
장진호, 최원일, 황치옥 옮김

사이언스북스
SCIENCE BOOKS

머리말

로봇에 대해 책을 쓰려는 시도는 신념의 도약과도 같다. 이 분야는 이미 광범위하고 더욱 팽창하고 있다. 또한 너무 빠르게 변모해 가기에, 수년간의 단일 프로젝트를 하다 보면 어느 순간 시의성을 잃어버리기 쉽다. 그러면 나는 왜 이 책을 썼을까?

나는 로봇 공학 분야가 결정적인 단계에 진입하고 있다고 믿는다. 기술들은 대량 상업화를 하거나 정부에서 활용하기에 충분히 좋고, 심지어 도처에 존재해 눈에 확연히 띄지 않게 되고 있다. 로봇은 곧 수백만 명의 삶에 더 직접적이고 심오하게 영향을 미칠 것이다.

로봇의 설계에서 이루어지는 기술적 선택은 가치 판단과 열망들을 체화할 뿐만이 아니다. 이 선택에는 종종 윤리적 함의가 있다. 내가 만나 온 모든 로봇 공학자는 영리하고 인간적이며 말도 잘했다. 아무리 그렇다 해도, 나는 소수의 과학자들과 기술자들이 외부와 단절된 채 생사나 건강, 노동, 생계, 계급 구조, 개인 사생활, 젠더 정체성, 미래의 전쟁, 도시 경관, 기타 여러 영역에 영향을 미칠 수 있는 모든 결정을 내리게 되기를 바라지 않는다. 그들은 도움이 필요하며, 다른 관점이 필요하다.

이 책은 로봇이 무엇을 할 수 있고 또 해야 하는지, 무엇과 닮을 수 있고 또 닮아야 하는지, 어떤 것들이 로봇에 포함되거나 빠질 수 있고 또 그래야 하는지에 관해 말할 거리가 있는 이들의 범위를 확장하고자 한다. 나는 로봇 공학자들이 이 책을 읽기를 희망하지만, 독자층으로 우리 모두를 염두에 두었다. 현재 선택한 로봇의 설계 방식은 아마도 향후 수십 년간 남게 될 것이다. 따라서 지금은 '좋은' 로봇은 무엇과 닮게 될 것인지를 묻고 이에 대한 의견을 제시할 때이다. 로봇 공학 분야의 범위가 넓고 역동적이기 때문에, 이 책을 서술하면서 모든 내용을 완벽히 다루거나 최신의 발전을 강조하기보다는, 지속적으로 중요한 문제들을 강조했다. 즉 어떤 끊임없는 역량과 경쟁적 시도들, 선택적 결정들이 로봇과 로봇 공학을 특징짓게 될 것인가 말이다.

이 문제들은 왜 중요한가? 여러 유력한 전망들은 전장에서, 병원에서, 공장의 작업 라인에서, 재활 기관에서, 인공 보철학에서, 혹은 고령화에 대한 대처에서, 로봇이 인간을 대체하기보다는 인간과 협력 관계에서 작업하는 상황을 포함한다. 무엇이 로봇을 구성하느냐에 대한 (인간 대 로봇의 — 옮긴이) 양자택일의 논쟁에 초점을 맞추기보다, (인간과 로봇 간 — 옮긴이) 연속선상에서 인간적 특징들의 계산-기계 공학적

(compu-mechanical, 여러 장에 걸쳐 종종 등장하는 이 용어는 이 책에서 문맥에 따라 "계산-기계 공학적", "컴퓨터-기계 공학적" 등으로 번역했다. — 옮긴이)인 확장에 초점을 맞춘다면 우리에게 더 큰 도움이 될 것이다. 필요상 이는 로봇과 인간 모두가 중요한 방식으로 인간 조건의 본질을 변화시키며 밀접하게 살아가고 일하게 될 것임을 함의한다. 그리고 로봇이 단지 인간의 하인이 되든지 아니면 잠재적인 전제 군주가 되기보다, 인간의 동반자가 될 것임을 함의한다. 임박한 변화들은 우리가 가진 이론, 규범, 열망 들의 개선을 절실한 문제로 만든다. 이 같은 신념의 도약이라 할 수 있는 이 책은 이런 방향으로 가기 위한 작은 행보이다.

감사의 글

내가 5년에 걸쳐 쓴, 그리 두껍지 않은 이 책이 나오기까지 많은 분들의 도움을 받았다. 모두의 이름을 여기에 적을 수는 없지만 말이다.

미국 매사추세츠 공과 대학(MIT)의 출판사인 MIT 프레스의 캐서린 알메이다(Katherine A. Almeida)와 케이트 헨슬리(Kate Hensley), 그리고 특히 마리 러프킨 리(Marie Lufkin Lee)는 훌륭한 전문가로서 각각 조언과 격려, 건설적인 문제 제기, 뛰어난 업무 역량으로 나를 도와주었다. 나는 그와 같은 능력 있는 이들의 도움을 받았기에 운이 좋았다.

밥 바워(Bob Bauer)가 내게 2011년 윌로 개러지(Willow Garage)에서 개인용 로봇인 PR2를 보여 준 순간부터 나는 모든 것을 다르게 보게 되었다. 국립 슈퍼컴퓨팅 응용 센터(NCSA)의 모자이크 웹브라우저를 처음 보았을 때와 맞먹는 경험이었다. 밥은 이후에 나를 내 핵심적인 연구 면담 대상자들에게 소개해 주었는데, 여기에는 스티브 커즌스(Steve Cousins), 스콧 하산(Scott Hassan), 제임스 쿠프너(James Kuffner), 레일라 다카야마(Leila Takayama)가 포함된다. 밥이 없었다면 이 책은 나오지 못했을 것이다. 밥에게 깊은 감사를 표한다.

MIT 프레스에서 이 책의 개선을 도와준 여러 독자뿐만 아니라, 특별한 독자 네 사람에게 감사의 말을 전한다. 초고를 읽고 관대하면서도 예리한 비판을 제시해 준 스티브 소여(Steve Sawyer)의 광범위한 제안은 나를 감탄시켰다. 케이트 호프먼(Kate Hoffman)은 자신의 광대한 독서에 대한 기억력과 판단력으로 아니메(アニメ, 일본 애니메이션)와 SF에 대한 내 이해를 심화시켰다. 기술 분석 분야에서 오랜 파트너인 존 파킨슨(John Parkinson)은 여러 차례 초고들을 읽고 거시적 접근 틀을 열어가는 문제나 구체적으로 엄밀하지 않은 부분을 교정하는 데 충실한 도움을 주었다.

마지막으로, 한때 공저자였던 데이비드 홀(David Hall)은 무척이나 일이 많은 가운데에서도 내가 요청할 때마다 격려와 비판적 반응, 전문적 식견을 제공해 주었다. 이 책이 나오기 한 달 전 그는 갑자기, 너무도 일찍 명을 달리했지만, 나는 그가 이 최종 결과를 자랑스러워했기를 바랄 뿐이다.

차례

1강
로봇을 아십니까?

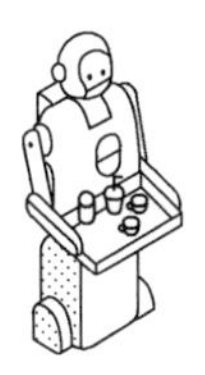

기술 강국으로서 미국의 이미지를 전파하는 데 텔레비전과 영화 같은 대중 매체가 많이 이용되어 왔다는 것은 반박할 수 없는 사실이다. 「스타 워즈(Star Wars)」 시리즈는 우주라는 무대(물론 우주가 마지막 무대가 아닐 수도 있지만)에서 빛을 이용한 무기들을 보여 줌으로써 진화된 서구 사회의 모습을 다양한 측면에서 보여 주었다. 로보캅, 「블레이드 러너(Blade Runner)」의 복제 인간(replicant)들, 명석하고 예의 바른 C-3PO(「스타 워즈」 시리즈 등장 로봇. — 옮긴이), 디즈니의 「월E(Wall-E)」 같은 영화나 텔레비전 속 아이콘들(미국 과학 기술 영화의 전형들)이 사회에 미치는 영향은 넓고도 깊다. 사람들에게 아틀라스(Atlas), 모토만(Motoman), 키바(Kiva), 빔(Beam) 같은 무기 로봇, 산업 현장에서 사용되는 로봇, 인간과 로봇이 협업에 관여하는 식생활 로봇들을 아는지 묻

어보라. 아마도 대부분은 실제 로봇이 무슨 일을 하는지, 혹은 어떻게 생겼는지 거의 모를 것이다. 그들이 아는 로봇은 오스트리아 억양의 영어를 구사하는 터미네이터 정도일 것이다.

2004년에 크리스 반 올즈버그(Chris Van Allsburg)가 쓴 유명한 동화 『폴라 익스프레스(*The Polar Express*)』가 영화로 만들어졌다. 톰 행크스(Tom Hanks)를 비롯해 오스카 상 수상 경력이 있는 배우들이 이 영화에 (목소리로) 출연하기로 했다. 그러나 실제 영화의 캐릭터들은 평론가의 말을 빌리자면 "으스스하고 기괴하며 눈은 영혼이 없는 것"처럼 보였다. 영화는 그야말로 '좀비의 기차'였다. 그 후로도 계속 애니메이션 영화 제작자들은 더 많은 폴리곤과 더 정교한 색상, 더 많은 화소로 표현된, 즉 더 많이 계산된 캐릭터의 탄생을 요구해 왔다. 그러나 대중은 점점 더 인간을 닮아 가는 캐릭터에 환호하기보다는 불편함을 느끼는 '불쾌한 골짜기(uncanny valley, 인간이 인간과 비슷해지는 로봇 같은 인공물에 느끼는 감정을 다룬 이론이다. 인간과의 유사성이 증가할수록 그 인공물에 호감이 증가하다가, 유사성이 일정 정도를 넘어서게 되면 갑자기 강한 거부감을 갖게 된다는 것이다.—옮긴이)'로 들어가게 되었다. 2005년에 일본에서 개발된 여성 안드로이드 리플리(Repliee)가 가진, 인간과 유사하지만 완전히 같지 않은 특징들에도 대중은 똑같이 불편해했다.

할리우드와는 다르게, 2013년부터 2016년까지 구글(Google)의 자회사였던 보스턴 다이내믹스(Boston Dynamics)는 미군이 사용하기 위해서 디자인된 로봇들을 생산하고 있다. 로봇으로 만든 치타, 인조 인간, 짐 나르는 동물의 유튜브(YouTube) 비디오는 이미 수천만 조회수를 달성했고, 일반 대중에게 최신 로봇 과학이 어디까지 와 있는가를 보여 주고 있다. 그런데 수천만 건의 조회수보다 나를 더 놀라게 한 것은, 로봇인 빅도그(BigDog)의 안정성을 보여 주기 위해 인간이 빅도그를 밀치고 발로 차는 동영상을 내가 틀자 학생들이 보인 반응이었다. 학생들은 그 동영상을 보고 마치 누군가가 반려동물을 때리는 모습을 볼 때처럼 숨이 턱 막히는 느낌을 받았다고 했다.

로봇은 점점 많아지고 더 많은 능력을 갖게 되며 더 다양해지고 있다. 장기적으로 본다면 로봇의 경제적, 사회적, 파괴적 영향력은 자동차가 인류에게 미쳤던 영향과 비견될 수 있을는지도 모른다. 엄청난 변화 속에서 인류는 앞으로 무슨 일들이 벌어질지에 관심을 갖게 될 것이고, 변화에 대응할 수 있는 새로운 규칙과 규범, 길을 요구할 것이다. 현재 인간은 고용과 임금 문제, 작업장의 안전 문제, 위엄 있게 늙어 가는 문제, 세계 무기의 주요한 변화, 사생활 문제, 그밖에 로봇이 바꿀 가능성이 있는 여러 영역들에서 기득권을 가지고 있다. 하지만 많은 요인 때문에 오늘날의, 그리고 앞으로의 로봇들로부터 우리가 무엇을 원하는지 논의를 진전시키는 데 어려움이 있는 것이 사실이다.

로봇과 우리 사이의 장벽 넷

혁신적인 물건 하나가 세상에 출현했을 때, 그 물건의 작명 역시를 살펴보면 갑자기 나타난 그 물건이 새로운 것으로, 또 그 새로운 것이 더는 새롭지 않은 편재성까지 지니게 되는 점진적 과정을 볼 수 있다. 지금으로부터 100여 년 전에 자동차는 "말이 없는 마차"로 불렸다. 즉 그 물건의 실체로써가 아니라, 그 물건에 없는 특성으로써 정의되었던 것이다. 좀 더 가까운 역사에서 예를 찾아보자면, 미군은 드론을 사람 없는 항공기, 즉 무인 항공기(Unmanned Aerial Vehicle, UAV)로 불렀는데, 이 역시 드론에 없는 특성으로써 새로운 물건을 정의하는 경향성을 보여 준다.

로봇이라는 단어는 1920년대부터 나타나기 시작했는데, 처음에는 일종의 노예를 의미했다. 로봇은 주로 단조롭고 더러우며 위험한 직무를 수행하는 능력이 있어서, 그러한 직무에서 인간을 해방시켰다. 그 후 로봇과 관련된 과학과 공학 분야의 급속한 발전이 계속되었다. 최근 샤프트(Schaft, 도쿄 대학교 교수 출신이 만든 일본의 벤처 업체 이름이자 이 회사가 제작한 이족 보행 로봇의 이름으로, 재난 투입용 및 군사용으로 그 용도가 전망되기도 한다. 2013년 구글이 인수했으며 2017년에는 일본의 소프트뱅크(SoftBank)가 이 회사를 구글로부터 인수했다. — 옮긴이)나 보스턴 다이내믹스 같은 로봇 회사를 사들인 구글의 자율 주행 자동차나 휴머노이드 로봇만 보더라도 이 발전이 얼마나 엄청난지 짐작할 수 있다. 이러한 급속한 변화를 생각한다면 로봇을 구성하는 요소가 무엇인지 과학자들의 견해를 일치시키기란 무척이나 힘들 것이다. 일군의 학자는 로봇이 가져야 할 세 가지 속성을 일컬어 첫째, 환경을 지각할 수 있고, 둘째, 다양한 입력 자극을 가지고 논리적인 추론을 할 수 있으며, 셋째, 물리적인 환경의 변화에 반응할 수 있는 것이라고 주장한다. 다른 학자들은 로봇은 실제 물리적 공간에서 움직일 수 있어야만 한다고 주장한다. 이들에 따르면 네스트 온도 조절기(미국 네스트 랩스(Nest Labs)에서 처음 개발한 사물 인터넷 기반 주거용 자동 온도 조절기이다. 2014년 구글이 32억 달러라는 거금을 주고 인수해서 화제가 되었다. — 옮긴이)는 로봇이 될 수 없다. 이보다 더 극단에 있는 이들은 진정한 로봇이라면 (공장에서 사용되는 조립용 로봇을 제외하고는) 자율성이 있어야 한다고 말한다. 여기에서 우리는 로봇에 대한 심도 있는 논의를 어렵게 만드는 첫 번째 장벽을 찾을 수 있다. **로봇에 대한 정의가 아직 명확하게 확립되지 않았다. 심지어 로봇 전문가라는 사람들 사이에서도 말이다.**

미국 스탠퍼드 대학교 기계 공학과 소속의 인공 지능 연구 팀에서 초기부터 함께 연구해 온 버나드 로스(Bernard Roth)는 로봇 공학 분야에서 오래 연구하면서 로봇에 대한 더욱 미묘한 정의가 필요하다고 제안한다. 그는 어떤 것이 로봇이고 어떤 것이 로봇이 아닌지 모든 사람이 동의할 만한 보편적 정의가 있을 수 있다는 생각에 의문을 던진다. 대신에 로봇을 정의할 때 더욱 상대적이고 조건적으로 접근해야 한다고 로스는 주장한다. 그는 "로봇의 개념은 로봇의 특정 행동이 특정 시점에서 사람이나 기계와 상호 작용하는 방식을 고려해서 설정해야 한다는 것이 내 관점이다."라고 말했다. 로봇의 상대적 능력이 진화하면서 로봇의 개념 역시 바뀌어야 한다는 것이다. 로스는 이어서 "만약 어떤 기계가 갑자기 사람들이 일반적으로 상호 작용하는 방식을 배워서 사람과 마찬가지로 상호 작용을 할 수 있게 된다면 그 기계는 기계에서 로봇으로, 분류 체계상 상위로 이동할 수도 있다는 것이다"라고 말했다. 시간이 지나면서 그 장치의 활동에 사람들이 익숙해지면 이제 그 장치들은 로봇에서 기계로 강등되는 것이다.[1] 이것이 바로 **두 번째 장벽이다. 로봇의 정의는 사회적인 맥락과 기술의 수준이 변화함에 따라 변화무쌍하게 달라질 수 있다.**

로봇 공학에 대한 기대는 다른 신기술 분야에 대한 기대와는 양상이 사뭇 다르다. 로봇 공학이라는 단어 자체가 SF, 영화, 혹은 텔레비전 프로그램에서 나온 뿌리 깊은 유산이기 때문이다. 어떤 기술도 로봇 공학만큼 상업적으로 소개되기 전부터 넓게 서술되고 탐색되지 않았다. 인터넷과 휴대 전화, 냉장고, 에어컨, 엘리베이터, 원자력, 그 밖에도 우리의 삶과 환경을 바꿔 놓은 수많은 혁신적인 제품들은 상업화의 광명을 통해 대중적으로 알려진 후에, 소설 등을 통해서 다양한 환상이 생산되고 대중에게 향유되었다. 로봇 공학과 다른 기술의 극명한 차이를 알았는가? 로봇은 정확히 그 반대의 길을 가는 것이다. (로봇에 관한) 소설이 먼저 출판되고 그 개념이 (로봇 공학의) 조건을 만들어 준 뒤, 로봇 과학과 기술이 뒤따라오게 되는 것이다. 이것이 바로 **세 번째 장벽이다. SF가 공학 기술보다 먼저 로봇 공학에 대한 개념적 활동 무대의 경계를 설정한다.**

이러한 역설은 역사적 사건과 일부 관련이 있다. 바로 1940년과 2000년 사이에 대량 판매용 과학 콘텐츠를 대중에게 전파하는 수단, 즉 도서나 만화책, 영화, 텔레비전 시리즈 등이 무르익게 된 것이다. 따라서 아직 일어나지 않은 과학 기술의 혁신 전체 모습에 대한 대중의 개념과 기대를 만드는 데 대중 매체가 큰 역할을 하게 되었다. 결국 그

실체가 아직 없는 상태에서 이미 대중은 로봇 혹은 로봇 공학에 대한 복합적이면서도 전반적인 태도와 기대를 갖게 된 것이다.

근대 서구의 로봇 공학이 (영화나 소설 같은) 과학 콘텐츠에 심대하게 영향을 받았다는 사실이 왜 그토록 중요한가? 로봇 혹은 로봇 공학 전체에 대한 개념과 기대를 사실이 아닌 환상이 만들었기 때문이다. 가장 중요한 문제는 과학 콘텐츠가 만들어 낸 기대가 '실제' 로봇에 대한 기대 수준을 비현실적으로 높게 만들었다는 것이다. 과학 기술을 전공하지 않은 언론인들이나 소설가들, 심지어 영국 옥스퍼드 대학교의 철학자 닉 보스트롬(Nick Bostrom) 같은 학자들까지도 로봇이 자신의 의지로 제작자의 뜻을 거스를 가능성까지를 거론한다. (물론 이것은 기술적으로 불가능하다.) 요점은, 로봇에 대한 소설이나 영화 안에 다른 문화적 개념들이 부지불식간에 섞이게 된다는 것이다. 작업장, 전쟁 상황, 인간의 능력과 연관된 로봇에 대한 다양한 생각들이 우리가 윤리나 자율성, 혹은 악행을 저지를 능력을 논의할 때 함께 거론된다.

이름 짓기와 관련된 한 가지 쟁점을 더 이야기해 보자. 이것은 소설이나 영화가 부여한 로봇의 개념 때문에 나타나는 문제는 아니고, 바로 '인공 지능'이라는 단어가 많은 로봇 공학자가 아닌 비전문가 집단에게 주는 혼란과 불신이다. 스페이스엑스(SpaceX)와 테슬라(Tesla)의 최고 경영자인 일론 머스크(Elon Musk)는 2014년 MIT에서 열린 한 학술 토론 회의에서 인공 지능이 인류의 "가장 큰 존재론적 위협"이 될 수 있다며 다음과 같이 말했다.

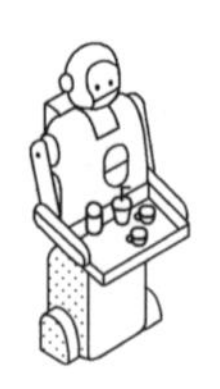

근대 서구의 로봇 공학이 (영화나 소설 같은)
과학 콘텐츠에 심대하게 영향을 받았다는 사실이
왜 그토록 중요한가? 로봇 혹은 로봇 공학 전체에
대한 개념과 기대를 사실이 아닌 환상이 만들었기
때문이다. 가장 중요한 문제는 과학 콘텐츠가
만들어 낸 기대가 '실제' 로봇에 대한 기대 수준을
비현실적으로 높게 만들었다는 것이다.

나는 우리가 인공 지능에 대해서 아주 조심스러워야 한다고 생각합니다. 만약 우리 인류의 존재에 가장 큰 위협을 가할 수 있는 것이 무엇인지 이야기해야 한다면, 나는 바로 인공 지능이라고 감히 말할 수 있습니다. 그래서 우리는 인공 지능에 매우 신중한 입장을 가져야 합니다. 국가적인, 혹은 국제적인 수준에서 우리가 인공 지능을 통해서 아주 어리석은 짓을 하는지 관리 감독하는 장치가 필요하다고 이야기하는 과학자가 점점 늘어나고 있습니다. 인공 지능을 통해서 우리는 악마를 불러올 수 있습니다. 이 모든 이야기에서 오각형 별과 성수(聖水)를 가지고 그 악마를 통제할 수 있다고 자신 있게 말하는 사람들이 있습니다. 하지만 그들은 실패했습니다.[2]

엄청난 과학적 현실에 대한 문제 인식을 설명하기 위해 머스크가 신화와 소설의 모티프를 차용한 사실을 주목하기 바란다. 마법사나 악마의 이야기에서 벗어나 인공 지능 영역에서 거둔 가장 큰 성공은 잘 통제되고 제한된 영역에서 이루어졌다는 것을 기억해야 한다. 체스와 바둑, 「제퍼디!(Jeopardy!)」 퀴즈 쇼 같은 것이 가장 대표적인 성공 사례였고, 타이프어헤드 기능(typeahead, 키보드로 입력하는 속도가 화면에 표시되는 속도보다 더 빠를 때 미처 표시되지 못한 정보를 컴퓨터에서 임시로 저장해 두는 기능을 말한다.—옮긴이)이나 자동화된 모바일 광고 배치 기능 등도 포함될 수 있다. 여기에서 중요한 것은 인간과 유사한 인지 정보 처리를 수행하는 **일반** 인공 지능과, 신용 점수의 자동 계산이나 카드 사기 탐지 시스템, 구글 지도의 최적 길 찾기 등 **특정 영역에** 국한된 알고리듬은 분명하게 구분되어야 한다는 것이다. 이러한 영역 특수적 기능은 해당 기능에 특수하게 조율된 영역 바깥으로 나가게 되면 아무런 쓸모가 없게 된다.[3] 심층 학습을 이용한 인공 지능 기술이 점점 빨라지고는 있으나, 그 성공 기준을 인간의 두뇌에 두는 것은 적절하지 못하다.

인공 지능의 이러한 한계에도 불구하고 인공 지능을 가진 어떤 형태가 인간의 능력을 뛰어넘을 것이라는 두려움은 도처에 깔려 있다. 프린터를 연결하는 일처럼 극도로 쉬운 과제도 인공 지능에는 엄청난 도전이지만, 두려움은 여전히 지속되고 있다. 로봇 공학이 인공 지능이든 로봇이든, 아니면 애플(Apple)의 시리(Siri)나 스파이크 존즈(Spike Jonze) 감독의 2013년 영화 「그녀(Her)」에 등장하는 서맨사 같은 엄청난 능력을 가진 개인 비서로 불리든 그것은 그렇게 중요하지 않다. 분명한 사실은 이러한 영화나 소설 속 허구적인 표상이 만들어 내는 두려움과 불확실성이 진짜 로봇을 기대 이하라고 보는 인간의 흔한 반응보다 훨씬 극적이라는 것이다.[4] 이것이 바로 네 번째 장벽이다. 정확하게 이해되지 못하고, 심지어 많은 문화권에서 불길하게 묘사되는 다른 기술들과 로봇 공학을 구분할 수 없다.

경로 의존성

실험실에서 창조된 새로운 기술들은 세상에 널리 사용되기까지 몇 가지 단계를 거친다. 첫 단계인 기초 과학이나 응용 과학의 단계에서 기술의 실용화는 엄두를 못 낼 정도로 어려울 수 있다. 기초 기술을 공학적으로 발전시키는 단계에도 어려운 관문들이 있다. 이때 맞닥뜨리는 핵심적인 질문은 '이것을 어떻게 작동하게 만들까?'이다. 이 단계가 지나고 나면 기술이 미래에 미칠 영향력의 크기를 결정하는 설계 방식을 정하는 시간이 오게 되고, 그 후에 사업가들은 사업화 단계에서 나올 수 있는 '이 기술로 어떻게 돈을 벌 수 있을까?' 같은 질문에 답하게 된다. 직류/교류 전기, 철로의 간격, 키보드의 자판 배열 기술 등이 모두 '경로 의존성'이라는 경제학의 개념이 적용된 예이다. 오늘의 선택은 과거의 기술적인 의사 결정에 제한되는 것이다.[5]

인공 지능, 로봇 공학, 감지 기술, 정보 수집 및 처리, 다른 최첨단 기술의 영역에서 우리는 공학자와 과학자 집단을 넘어선 다른 영역의 전문가들이 이 기술들을 논의하는 데 참여할 필요가 있는 시점에 와 있다. '이것을 어떻게 작동하게 만들까?'라는 질문은 이 시대에도 여전한 쟁점이지만, 우리는 여러 경로 중 하나를 택하는 방식으로 대답을 찾을 수 있다. 다시 말해서, 우리는 더욱 많은 사람에게 이러한 첨단 기술들을 통해서 무엇을 원하는지, 그리고 무엇을 반대하는지 묻기 시작해야 한다. 로봇 공학은 경제적 생계 수단, 부의 축적, 개인의 정체성과 관계성, 시민권과 전쟁, 사생활과 개별 기관 등에 무궁무진하게 적용될 수 있다. 이 기술을 어떤 방식으로 설계할지는 공학적인 관점만으로는 대답을 구하기 힘들다. 기술의 설계에는 정치학과 경제학, 운, 다른 힘들이 함께 작용하고 있다. 하지만 통합적 논의는 주변부에서만 맴돌고 있는 것이 현실이다.[6]

다음의 두 가지 예를 통해서 논의를 조금 더 구체화해 보자. 제이런 러니어(Jaron Lenier)는 그의 책 『디지털 휴머니즘(*You Are Not a Gadget*)』에서 이 문제를 잘 다룬 이야기 하나를 들려준다. 미디(MIDI)를 통해서 처음 신디사이저와 컴퓨터를 연결했을 때, 설계를 결정하는 요소는 컴퓨터 과학의 영향을 받게 되어 신호를 보내는 트리거를 이진수로 만들게 되었다. 즉 건반을 누를 때와 누르지 않을 때로 신호 전달의 유무가 결정된 것이다. 하지만 블루스 같은 장르의 음악에서는 하모니카나 기타 등을 이용해서 음악가들이 음을 꺾거나 새로운 음을 만들어 내기도 하는데, 미디 음악은 초기의 설계 규격의 제약에 따른 경로의존성 때문에 이런 식으로 소리를 만들어 낼 수 없었다. 결과적으로 미디의 초기 설계 때문에, 그렇게 될 필요가 없었던, '삐' 소리가 나는 전자 음악을 지난 30년 동안 듣게 된 것이라고 러니어는 지적한다.[7]

그보다 더 최근인 지난 2011년, 구글은 유튜브, 지메일, 그랜드 센트럴(GrandCentral, 2009년부터는 구글 보이스로 명칭을 변경했다.) 같은 소셜 서비스를 하나의 네트워크인 구글 플러스(Google+)로 확장 통합하려 했다. 그런데 몇 가지 이유 때문에 구글 플러스는 사람들이 실제 본인의 이름과 성별로 접속해야 된다는 방침을 만들었다. 인터넷 실명제를 시행하게 되면 몇몇 온라인 게시판에서 보게 되는 격렬한 논쟁을 줄일 수 있고, 회사 입장에서 본다면 사용자의 온라인 행동 분석을 용이하게 해 향후 광고 목적으로 이 데이터를 이용할 수 있는 장점도 있다. 하지만 인터넷 실명제는 몇몇 사람들에게는 사생활 침해라는 끔찍한 공포를 줄 수도 있었다. 실제로 한 트랜스젠더의 성 정체성이 본인의 동의 없이 문자 메시지로 밝혀지게 되었는데, 구글 플러스의 정보와 안드로이드 전화기의 주소록이 통합되었기 때문에 일어난 일이었다. 구글의 공동 창업자이자 구글 플러스의 설계 디자인에 깊이 관여했던 세르게이 브린(Sergey Brin)은 2014년에 구글의 잘못을 인정하면서 "저는 아마도 사회성의 측면에서 본다면 아주 부족한 사람일 것입니다. 저는 절대 사회성 있는 사람이 아닙니다."라고 이야기했다.[8] 기술을 어떻게 설계할 것인가와 관련한 수많은 결정들은 실제 엄청난 결과를 만들어 낸다. 실명 로그인으로 구글의 많은 웹사이트를 통합하려는 시도는 많은 사용자를 불편하게 했을 뿐만 아니라 결국 그들을 떠나게 했다. 이것이 대중이 구글 플러스를 잘 받아들이지 않은 중요한 이유였을 것이다. 결국 2014년에 구글은 실명 로그인 정책을 포기했다.

로봇 공학의 쟁점들

로봇 공학은 1950년부터 2005년경까지의 디지털 컴퓨팅에 대해 우리가 알고 있는 것들과 어떤 측면에서 다른가? 여기에서 우리가 주목해야 할 몇 가지 크고 복잡한 쟁점의 실제 사례들을 빠르게 훑어보자.

첫째, 전화기 기지국, 사람의 얼굴, 주머니, 땅속(수도관이나 지진 활동 감지 장치), 그리고 하늘(드론 촬영이 야기한 수많은 법적인 문제나 논쟁들) 등 도처에 널려 있는 카메라와 감지기는 사생활과 보안, 위험에 대한 경계선을 재조정하게 하고 있다. 관찰되는 사람들의 권리는 무엇이고 관찰하는 사람들의 책임은 무엇인가? 상시 감시 체계, 사회 관계 망에서의 동료 간 압력, 승자 독식 구조의 시장에 대한 디스토피아적 관점은 데이브 에거스(Dave Eggers)의 소설 『더 서클(*The Circle*)』에서 잘 찾아볼 수 있다.

둘째, 로봇이 전투에 투입되었을 때, 언제 어떻게 그 로봇들은 폐기되어야 하는가? 누가 자동 추진 자살 폭탄을 설계해야 하는가? (이라크 레반트 이슬람 국가(ISIS)는 자신들이 이러한 폭탄을 설계했다고 2016년에 발표했다.) 드론 조종사나 로봇 소프트웨어 설계자는 제네바 협약(전쟁에서 인권 문제를 어떻게 다룰지에 관한 국제법상의 기준을 정한 국제 협약. — 옮긴이)이 적용되는가? 로봇이 고문을 행한다면 책임은 누구에게 있는가? 군이 적극적으로 개발하고 있는 이러한 기술들은 전쟁이나 국가 간 갈등 상황에서 다양한 논쟁을 불러일으킬 것이다.

셋째, 현대의 컴퓨터 과학, 정보 이론, 통계학, 자성 매체에 관한 물리학은 모두 우리 지구에서 생산되는 거대한 양의 데이터를 어떻게 처리할지를 두고 씨름하고 있다. 센서 기술은 로봇 공학의 본질적 요소이기에, 이 두 영역은 구분하기가 쉽지 않다. 제너럴 일렉트릭(General Electric, GE)에서 만든 제트 엔진은 전 세계적으로 평균 약 2초에 한 번씩 이륙하고 각 엔진은 비행 1회당 약 1테라바이트의 데이터를 생산해 낸다.[9] 이 수치를 10분의 1로 줄여서 비행당 약 100기가바이트의 데이터를 생산한다고 해도 DVD 약 100만 장에 기록해야 할 방대한 데이터를 매일 생산해 내는 것이다. 이러한 엄청난 규모의 데이터는 아무리 짧은 시간 동안에라도 보관하기 어렵기 때문에 표본 추출, 압축, 기록, 기타 데이터 처리 기술이 완벽에 가까워져야 한다. 이러한 규모의 대용량 정보를 다루는 것은 경영, 학문, 의학, 스포츠 등 거의 모든 분야에서 엄청난 도전 과제와 장애를 발생시킨다.

넷째, 기술적 지식의 반감기는 점점 빠르게 감소하고 있다. 기계 학습, 로봇의 인공 시각, 그리고 다른 분야의 기술들이 보이는 엄청난 발전 속도로 인해 노동 시장의 형태가 복잡해지고 직업도 변화하고 있다. 앞으로 로봇이 인간의 단순 노동을 대체하리라는 점은 명백하며, 심지어 공학자와 프로그래머, 과학자도 현재의 기술 수준을 유지하기 위해 엄청난 압박을 받을 것이다. 또한 우리는 앞으로 상품 자체가 아니라 마이크로소프트(Microsoft)의 윈도(Windows), 애플의 iOS, 구글의 구글 지도 같은 플랫폼(다양한 상품을 판매하거나 판매하기 위해 공통적으로 사용하는 기본 구조, 상품 거래나 응용 프로그램을 개발할 수 있는 인프라, 반복 작업의 주 공간 또는 구조물, 정치·사회·문화적 합의나 규칙 등을 뜻한다. — 옮긴이)을 더욱 중요하게 생각하게 될 것이다. 플랫폼은 우리가 생각하는 것보다 훨씬 강력하다. 춘카 무이(Chunka Mui)와 폴 캐롤(Paul Carroll)이 지적하듯이, 구글의 모든 자율 주행 자동차는 수많은 다른 구글 자동차를 통해 학습을 한다.[10] 그렇다면 구글의 안드로이드 소프트웨어 기반 자동차, 로봇, 온도 조절 장치, 시계, 전화기로 가득 찬 이 세상을 생각하는 법을 어떤 식으로 배울 수 있을까? 이미 만들어진 플랫폼 이외에는 사용이 거부되는 배타적 환경을 만드는 플랫폼 경제학은 그 자체로 엄청나게 강력한 힘이 있을 뿐만 아니라 사회적 파급력 역시 어마어마할 것이다.

다섯째, 실생활 여기저기에서 활동하게 될 최첨단 기술 기반 제품들과 관련된 사회적 규칙들은 어떨까? 다음의 예들을 살펴보자. 구글 글래스 헤드셋을 착용한 한 여성이 술집에서 암묵적으로 지켜야 하는 사회적 약속을 위배(가령 상대방의 동의를 구하지 않고 사진을 찍는 행위를 말한다. —옮긴이)해서 공격을 당한 경우, 자율 주행 자동차의 명확한 법적인 책임이 아직 규정되지 않은 경우, 3차원 프린팅 기술로 제작된 총이나 이미 특허를 받았거나 저작권이 있는 제품을 처리해야 하는 경우, 길거리에서 낯선 사람의 얼굴 인식을 가능하게 하는 기계를 사용하는 경우 등 해결해야 할 문제들이 산적해 있다. 예를 들어 구글이 사용자 맞춤형 광고를 제작 및 배포하기 위해서 네스트의 센서 데이터를 사용한다면 소비자(혹은 유럽 연합)에게 역풍을 맞을 수도 있다. 이러한 사회적 규칙들이 얼마나 중요한지를 알려 주는 과거의 예를 하나 들어 보자. 전화기가 세상에 처음 등장했을 때, 아직 얼굴을 모르는 사람에게 전화로 인사를 하는 것은 예의 바르지 못한 행동이었다. 그 결과 많은 언어에서 전화상으로 인사를 나타내는 단어가 생겨났다. 예를 들어 프랑스 어는 전화상으로는 "알로(allô)"라고 인사하고, 실제 대면했을 때는 "봉주르(bonjour)"라고 인사를 한다. 영어의 경우, 알렉산더 그레이엄 벨(Alexander Graham Bell)에게는 자신만의 해결책이 있었는데 전화상으로 인사를 할 때 '아호이(ahoy)'라는 단어를 사용한 것이다.[11] 130여 년이 지난 지금, 우리는 최첨단 기계의 등장 때문에 나타난 새로운 변화의 물결에 대응할 사회 규칙들을 만들어 가야만 한다.

여섯째, 어떻게 이러한 기술들이 인간의 능력을 향상시킬 수 있을까? 외골격 장치이든, 돌봄 로봇이든, 원격 화상 회의이든, 신경 보철 기술이든 간에 인간의 조건은 향후 100년간 그 형태나 도달점, 혹은 범위의 측면에서 엄청난 변화가 있을 것이다. 동시에 인간은 어떻게 그 새로운 기술들을 활용할 수 있을까? 다 빈치 수술 시스템(이 시스템이 로봇은 아니지만, 로봇 공학을 이용했다.)을 사용하기 위해서는 훈련을 받아야 하는 것처럼 우리가 자동 현금 입출금기(ATM)나 자율 주행 자동차를 사용하기 위해서도 역시 훈련이 필요하다. 인간과 계산 공학적 원리 기반 기계들 간의 협력을 통한 인간 능력 향상의 잠재력은 엄청나다. 앞으로 얼마나 많은 스티븐 호킹(Stephen Hawking), 에이드리언 헤이즐럿데이비스(Adrianne Haslet-Davis, 2013년 보스턴 마라톤 대회 폭발 사건으로 왼쪽 다리를 잃은 전문 댄서이다. 신경 보철학에 기반을 둔 의족의 도움으로 다시 춤을 추게 되고, 3년 후 보스턴 마라톤 대회에 직접 참여해서 화제가 되었다. — 옮긴이)[12], 로빈 밀러(Robin Millar, 태어날 때부터 시각 장애인인 세계적인 음악 프로듀서이자 사업가이다. 왼쪽 눈에 인공 망막을 이식하는 수술을 받은 것으로 유명하다. — 옮긴이)[13] 같은 이들을 보게 되겠는가? 물론 이를 위해서는 여러 다양한 기술적/비기술적 도전들을 찾아내고 개념화하며 협상(단순한 '해결'의 차원을 넘어선다.)해야만 한다.[14] 또한 이러한 기술을 통해 향상된 인간 능력은 누구에게 어떻게 할당될 것인가?

일곱째, 키보드, 스크린, 혹은 마우스 같은 장치와 비교해서 로봇 공학은 인간과 기계가 서로 상호 작용할 수 있는 많은 새로운 방법을 가르쳐 줄 수 있을 것이다. 고개를 끄덕거리거나 윙크를 하거나 손가락을 움직이고 음성 명령을 하는 것, 심지어 우리의 뇌파만으로도 행동을 유발할 수 있다. 인간의 다양성, 문화 및 언어의 차이, 전력 소비나 방수 문제 같은 물리적 제약을 고려한다면 인간에게 이 새로운 도구들을 사용하는 방법을 어떻게 배우게 할 수 있을까? 한 가지 기발한 생각은 색상과 관련되어 있다. 소니(Sony)의 아이보(Aibo), 혼다(Honda)의 아시모(Asimo), 베스틱(Bestic), 지보(Jibo), 빔, 아틀라스Ⅱ처럼 현재 개발된 운동 로봇은 모두 임상 장면에서 사용하는 흰색을 사용하고 있다. 초기 데스크톱 컴퓨터의 색상은 수년 동안 베이지색이었다가 검은색이나 회색이 주종을 이루었다. 물론 애플이 청록색과 귤색의 음영을 가진 색상 스펙트럼을 사용하기 전까지 말이다. 인간과 가까운 컴퓨터의 디자인이 어떤 의미를 전달한다면 앞으로 빨간색 백스터 로봇(Baxter, 2012년 리싱크 로보틱스(Rethink Robotics)에서 개발한 산업용 로봇이다. ─ 옮긴이)이 인간에게 어떻게 받아들여질지, 코카서스 인종 이외의 인종에게 시장 잠재력이 있을 수도 있는 검은색이나 갈색 계열의 자율적인 로봇이 개발될지 지켜볼 필요가 있다.

여덟째, 로봇 공학이나 사물 인터넷 같은 관련 분야에서 활용되고 또 요구되는 사회 기반 시설은 기존 산업 사회의 시설과는 매우 다르다. 요구가 많아지면서 시스템은 점점 거대해지고 관리나 통제 기술은 점점 더 좋아진다. 이러한 변화는 일면 새로운 위험을 가져올 수 있다. 로봇 기술은 또한 다른 종류의 작업장을 요구한다. 인간의 작업 환경을 개선하기 위한 작업장 냉방 시스템은 필요가 없어지고 대신 조립라인에 투입된 로봇들은 안전 케이지가 필요하다. 수송 및 교통 체계

역시 변화할 것이다. 도로나 항로, 심지어 병원의 복도에서도 로봇 운전자에게는 인간 운전자들과는 다른 신호 체계와 안전 수칙 등이 있어야 할 것이다.

지금까지 이 여덟 질문들은 에너지 관리, 자기 기억 장치, 신소재 과학, 알고리듬 계산 같은 기술적 영역뿐만 아니라 법, 신념, 경제학, 교육, 공공재, 공공 안전, 인간 정체성 같은 광범위한 문제와 관련되어 있다. 로봇 공학이 인류에게 미치는 영향력의 깊이와 너비를 고려할 때, 이 문제는 너무나도 중요하고 곧 우리가 직면할 문제이기에 더는 기술 전문가들에게만 남겨 둘 수는 없다.

로봇을 배워 보시겠습니까?

로봇이나 로봇 공학과 관련된 법, 이야기들, 경제적 영향력, 사각지대까지 이 모든 것은 필연적이지도 않고, 또 분명하지도 않다. 로봇은 그저 무엇인가를 만들고 엉킨 것을 풀고 이것저것을 평가하는 일을 한다. 하지만 앞으로 로봇이 만들 새로운 물결은 심대한 변화를 가져올 것이다. 이 변화는 결국 자동차, 가정용 전기, 혹은 수돗물이 우리의 삶에 가져온 변화에 필적하게 될 것이다. 한 가지 예로, 드론 무기의 윤리적, 정치적, 전략적 함의에 대한 대중이나 의회의 토론 없이 드론이 사용되었을 때 그 영향력이 얼마나 클지 생각해 보라. 자율 주행 자동차, 내장형 혹은 얼굴 장착형 컴퓨터와 센서, 그리고 자율 로봇을 위한 기술들이 시장에 쏟아져 나올 시기가 앞으로 수십 년 후가 아닌 수 년 후가 될 것이라 가정한다면, 그 기술들을 감독하는 사람들의 범위가 확대될 필요가 있다. 되풀이해서 이야기하고 있지만, '그것을 어떻게 작동하게 만들까?'라는 질문과 대답을 공학자들과 과학자들이 해 왔다면, 이제는 더 다양한 분야의 전문가들이 '각 영역에서 가장 현실적인 선택이 무엇일까?'라는 질문을 던져야 하며, 이들이 대답을 찾는 데에 우리가 함께 머리를 맞대야 한다.

이 과정은 결코 단순하지 않다. 의사 결정에 관한 연구 결과가 보여 주듯이, 몇 가지 선택지가 주어질 때 사람들은 자신들이 무엇을 원하는지 잘 모른다.[15] 최신 제품을 평가하는 방법으로 주로 사용되는 표적 집단 면접이나 다른 시장 조사를 위한 방법들에는 치명적인 결점이 있다. 아이폰이 세상에 등장하기 전, 스마트폰 시장은 대체로 블랙베리와 노키아로 한정되어 있었으며 두 기종 모두 유리로 된 인터페이스를 사용하지 않았다. 5년 후 이 두 회사는 애플과 구글의 안드로이드 운영 체제가 시장을 지배함에 따라 시장의 변화에 따라가지 못하게 되었다. 흥미로운 점은 리서치 인 모션(Research in Motion, 블랙베리의 전신 회사. – 옮긴이)이나 노키아 모두 연구 개발에 많은 투자를 했다는 것이다. 아직 로봇 시장은 자신이 무엇을 선호하는지 선언하지 않은 상태이다. 개인용 드론, 얼굴 장착형 컴퓨터, 다른 최첨단 기술들에 대해서 기술 실용화의 초기 단계에서 철저하게 금지하거나 경고 신호를 주는 등의 '도로 교통법' 제정을 고려해야 할 시점인 것이다.

'로봇 윤리학'은 바로 이러한 쟁점들을 다루는 학문 영역이다.[16]

이 문제는 아이작 아시모프(Isaac Asimov)까지 거슬러 올라갈 수 있고, 지금까지도 인간 대 로봇의 관계, 특히 로봇이 인간에게 어떤 위해를 가할 수 있는가와 관련된 문제를 해결하기 위해 상당한 노력을 쏟고 있다. 인간에게는 자의식이나 동기를 대상에 부여하는(가령 '기계가 생각하고 있다.'라는 식의) 뿌리 깊은 습관이 있다. 하지만 로봇은 자의식이나 동기 둘 다 가지고 있지 않다. 좀 더 현실적인 문제로, 비영리 단체인 살상 로봇 금지 운동(Campaign to Stop Killer Robots)이 널리 소개했듯이, 자신을 보호하기 위해서 먼저 상대에게 총을 쏘도록 프로그램된 군사용 로봇의 도덕적 문제도 세계적으로 이목을 끌었다.[17] 세계적인 인지 과학자인 스티븐 핑커(Steven Pinker) 또한 인간의 도덕적 책임에 대해서 명확한 견해를 밝힌 바 있다. "왜 명령에 복종해야 한다는 명령을 로봇에 하는가? 왜 처음 명령만으로는 부족한가? 왜 '해를 입히지 마라.'라고 명령하는가? 해를 입히라는 명령을 처음부터 안 하는 편이 훨씬 쉽지 않은가?"[18] 이에 더해, 로봇 공학에 폭넓게 적용할 수 있을 뿐만 아니라 그 학문의 본질 자체에 대한 이론이 있는 분야인 인공 지능 기술의 최근 발전은 인간과 기계 사이의 경계를 더욱 모호하게 만들고 있다. 앞으로 몇 년 동안 결정될 중요한 제품 설계에는 큰 모험이 있을 수도 있다. 바로 인간의 행위, 정체성, 신념 체계의 본질과 관련된 결과들이다.

로봇 공학은 '빅 데이터'(궁극적으로는 인간의 의미 체계) 같은 인공 지능 영역에 새로운 층위의 복잡성을 제공한다. 인공 생명체를 만들려는 노력의 오랜 역사는 이제 새로운 국면에 접어들었을 뿐 아니라, 이제 인간은 단일 개체와는 확연히 다르게 행동하는 거대 네트워크 속 인공 생명체를 창조해 낼 수 있게 되었다. 즉 빅터 프랑켄슈타인 박사의 창조물을 보스턴 다이내믹스에서 개발한 아틀라스 로봇의 전신으로 생각할 수는 있지만, 자기 동조 감지 망이나 자기 조직화 기능이 있는 드론 집단의 전신은 과거 사례에서 찾아보기 어렵다. 이러한 변화는 인간의 적응력을 벗어날 정도로 빠른 기술 혁신을 통해서 일어나고 있고, 더 심화된 복잡성을 낳고 있다.

로봇 공학의 이러한 변화는 아직 초기 단계에 있고, 아직도 인간의 지성이야말로 기계 설계자들이 열망해야만 하는 이상으로 떠받들어지는 경우가 종종 있다. 레이 커즈와일(Ray Kurzweil)의 특이점(singularity) 이론은 "인간은 우리 자신이 지닌 지능의 본질을 이해할 수 있는 능력이 있고, 그 능력을 나타내는 코드에 접속하게 된다면 그것을 수정하고 확장할 수도 있다."라는 전제에 기반을 둔 생각이다.[19] 동시에, 인간의 능력을 넘어서는 기계의 출현은 기술사 학자인 랭던 위너(Langdon Winner)의 표현을 빌리자면 "통제할 수 없는 기술"의 출현이라는 새로운 시대의 탄생을 나타낸다. 원자력 발전 기술이 보여 주듯이 어떤 종류의 새로운 기술이 세상에 나올 때는 신중한 적응 과정을 거치는 것이 사실이지만, 로봇 공학 관련 기술에 대한 우리의 공포는 지나치게 과장된 면이 없지 않다. MIT에서 오랜 시간 동안 로봇 공학을 연구한 연구자이자 리싱크 로보틱스의 최고 경영자인 로드니 브룩스(Rodney Brooks)에 따르면, 진정한 의미에서 인공 지능을 얻기란 무척이나 어렵다고 한다. 실리콘 회로가 의식적인 증오를 느끼게 되기까지는 적어도 100년 이상은 걸릴 것이다. 2014년 11월 브룩스가 지적하듯이 "만약 엄청나게 운이 좋아서 앞으로 30년 안에 도마뱀 수준의 의도성을 가진 인공 지능을 우리가 갖게 된다면, 인공 지능을 탑재한 로봇은 유용한 도구가 될 수 있을 것이다. 하지만 그 로봇은 어떤 방법으로도 우리 인간을 의식조차 하지 못할 것이다. 인간에게 의도적으로 악을 행할 수 있는 인공 지능에 대한 걱정은 일종의 공포감 조성 전략에 지나지 않으며 단지 시간 낭비일 뿐이다."[20]

어떤 측면에서 인류는 동력 비행체의 개발에 있어서 다 빈치와 라이트 형제의 중간 어디쯤 와 있는 것 같다. 비행기는 날개를 퍼덕거리면서 날지 못하고 새들도 500명을 싣고 1만 5000킬로미터를 날 수 없다. 인간의 두뇌를 역공학(reverse engineering, 어떤 기계나 프로그램 같은 기능을 하는 것을 만들 때, 필요한 정보가 없는 경우 이미 완성된 제품이나 프로그램을 분해해 동일한 기능을 하도록 만드는 기술을 말한다. — 옮긴이)을 이용해 복원하는 프로젝트는 전자적이기보다는 화학적 작용에 더 가까운데, 적용 가능성의 측면에서는 제한적인 것 같다. 할리우드에서 제공한 전형이나 언어적 암시 대신에, 실제로는 저평가되었던 오빌 라이트(Orville Wright)와 윌버 라이트(Wilbur Wright)의 실험이 필요하다. 라이트 형제는 비행기를 개발했을 뿐만 아니라 비행기를 날게 만드는 방법을 비롯해 항공과학을 발전시키는 데에도 큰 몫을 했다. 로봇 공학과 인공 지능 분야에서 활용하는 인간 은유 기법은 기술 발전에 한 역할을 담당하고 있지만, 이러한 은유가 우리에게 영감을 주는 만큼 우리의 사고를 후퇴시키고 있는지도 모른다. 22세기의 인공 지능 기술은 아마도 비행기가 새를 모방하거나 바퀴가 다리를 모방하는 수준에서 인간의 두뇌를 모방하게 될 것이다. 생체 모방을 넘어서 문제를 추상화하는 것이 이 과정의 첫걸음이다. 인간 인지 모사 연구를 위한 풍동(비행기 등에 공기의 흐름이 미치는 영향을 알아보기 위한 터널과 같은 장치. — 옮긴이)을 누가 만들 것인가?

현재의 계산 과학, SF, 영화의 수준과 관계없이 우리는 기술 영역에서 새로운 영토를 개척할 단계에 와 있다. 이 땅을 개척한 선구자들의 노고를 인정해 줄 필요는 있지만, 이제 이 땅의 정착민으로서 우리가 지켜야 할 법과 제도, 경제, 사회적 규약을 만들어 나가는 데 분명한 목소리를 낼 필요가 있다. 우리는 곧 우리의 물리적 세계에서 로봇과 함께 살아가고, 또 로봇은 이 세계를 변형시킬 것이다. 그래서 로봇(공학)을 설명하기 위해 지금까지 우리가 사용하고 있던 생각의 틀에 의문을 가져 볼 시기인 것이다.

2강
로봇이 나타나기까지

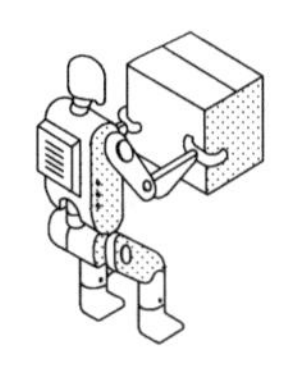

인류는 수천 년간 생명을 재창조하려 시도해 왔다. 이러한 전통은 21세기 초에도 이어지며 많은 로봇의 등장을 가져왔다. 오늘날 로봇을 만들려는 노력을 논할 때는 이러한 맥락을 인정하는 것이 중요하다. 로봇을 둘러싼 맥락이 문제를 만들며, 오래 지속된다는 특성을 특별히 고려한다면 말이다. 예를 들면 메리 셸리(Mary Shelley)가 1818년에 발표한 『프랑켄슈타인(*Frankenstein*)』의 영향력이 있겠다.

로봇은 무엇인가, 무엇을 하는가

로봇 어휘의 역사를 살펴보기 전에, 로봇이라는 단어가 매우 친숙하기는 하지만 그 뜻을 조금만 더 깊이 생각해 보면 로봇을 정의하기가 지극히 어렵다는 것을 알게 된다. 『아메리칸 헤리티지 영어 사전(*American Heritage Dictionary of the English Language*)』 제3판에 따르면, 로봇이란 "명령에 따르거나 미리 프로그램된 대로 인간이 하는 여러 가지 복합적인 일을 때때로 흉내 내어 할 수 있는, **어떤 경우에는 인간을 닮은** 기계적 장치"(강조는 내가 한 것이다.)이다. 이러한 인간 흉내 내기는 특별히 자율적 로봇의 경우에 일련의 논쟁을 불러일으킨다. 『옥스퍼드 영어 사전』은 로봇을 "본질적으로 '**SF의 산물**', 주로 금속으로 만들어져서 어떤 방식으로든 인간이나 다른 동물을 닮은 인공적 지능 존재"라고 정의하면서 또 다른 복잡한, 교양 영역에서 논쟁거리를 만들고 있다.

로봇학자들도 나름대로 로봇을 정의하려 한다. 자율 로봇의 전문가인 조지 베키(George Bekey)는 로봇을 "감각과 인공적 인지, 물리적 행동"이라는 특징으로 정의했다. 자율 로봇의 또 다른 전문가인 카네기 멜런 대학교의 일라 레자 누르바흐시(Illah Reza Nourbakhsh)는 로봇이 무엇인지 로봇학자에게 묻지 말라고 조언한다. "대답은 너무 빨리 변한다. 무엇이 로봇이고 무엇이 로봇이 아닌지 논쟁을 막 끝낼 즈음에는 완전히 새로운 상호 작용 기술이 태어나면서 로봇 발전은 거듭된다."[1] 로드니 브룩스는 MIT에 있을 때 로봇을 "인공 생명체(artificial creature)"라고 불렀다.[2] 서점에서 흔히 볼 수 있는 대학 교재에는 이렇게 쓰여 있다. "미국의 로봇 연구소는 로봇을 여러 임무를 수행할 수 있도록, 다양하게 프로그램된 동작을 통해 물건이나 부품, 도구 혹은 특별한 목적성이 있는 기구를 움직일 수 있도록 재프로그램이 가능하고 여러 기능을 할 수 있는 조작기라고 정의한다. 또한 이 정의는 인간을 배제하지 않는다."[3]

MIT의 신시아 브리질(Cynthia Breazeal)은 키스멧(Kismet)이라 불리는, 제스처나 얼굴 표정, 소리로 사람들과 소통하는 특별한 종류의 휴머노이드 로봇으로 명성을 얻었다. "사회성을 띤 로봇이란 무엇인가?" 브리질은 자신의 책에서 "그것은 정의하기 어려운 개념이다."라며 SF에 나오는 몇 가지 예를 지적한 뒤 다음과 같이 강조한다. "결론적으로 사회성을 띤 로봇은 다른 사람과 소통하는 것처럼 소통하면서 인간처럼 사회적으로 지능이 있는 로봇이다. 더욱 발전하면 우리가 다른 사람과 친구가 되듯 로봇이 우리와 친구가 될지도 모른다."[4] 다시 한번 말하자면, 세계적인 로봇학자들은 로봇이 무엇이라고 말하기보다 로봇이 무엇을 할 수 있는지를 강조한다.

상대적으로 최근의 두 정의는 하나로 합의된 정의가 없음을 보여 주는데, 이것은 사적·공적 생활에 깊이 관여되는 주제를 두고 학문적인 논의를 하는 데 문제가 될 수 있다. 서던 캘리포니아 대학교의 마야 마타릭(Maja J. Mataric)은 유치원생부터 고등학생까지를 위한 로봇 분야 안내서 『로봇 입문(*The Robotics Primer*)』을 2007년에 발간했다. 이 책의 거의 첫 부분에서 마타릭은 "로봇이란 물리적 세계에 실재하는, 주위를 감각하고 어떤 목적 달성을 위해 환경에 반응하는 자율적인 시스템이다."라고 적고 있다. 그는 계속해서 "진정한 로봇은 인간에게서 입력과 조언을 받을 수 있을지는 몰라도 완전히 인간에게 조종당하지 않을지도 모른다."라며 자신의 확신을 강조한다.[5]

『로봇 입문』에서 상세하게 정의된 로봇은 우리에게 많이 알려져 있는 수술 로봇과 드론 비행체, 산업 로봇을 제외한다. 이와는 대조적으로, 기술 분야에서 실업 문제에 초점을 맞추며 2013년에 방영된 프로그램 「60분(60 Minutes)」에서 스티브 크로프트(Steve Kroft)는 다음과 같이 로봇의 정의를 이야기하며 프로그램을 시작했다. "로봇이 무엇인지, 어떻게 생겼는지 모든 사람이 다르게 생각하는데, 널리 알려진 정의에 따르면 로봇은 인간의 일을 수행할 수 있는 기계이다. 로봇들은 움직일 수 있거나 움직일 수 없으며 하드웨어나 소프트웨어일 수 있고, SF의 영역에서 벗어나 실재가 되고 있다."[6] 이 정의는 로봇학자들의 정의와 거의 완전히 다를 뿐만 아니라, 로봇이 그들의 주인인 인간을 거역하고 인간의 통제를 벗어날 수 있다는 의미를 내포하고 있다.

컴퓨터 과학 전공자들 사이에서도 이와 비슷한 주장이 나오고 있다. 인터넷 통신의 기반을 이루고 있는 전송 제어 프로토콜(Transmission Control Protocol, TCP)과 인터넷 프로토콜(Internet Protocol, IP)의 공동 개발자로 널리 알려진 빈턴 서프(Vinton Cerf)는 2012년에 계산 기계 협회(Association of Computing Machinery) 회장으로 선출되었는데, 2013년 1월 한 논설에서 "로봇의 개념이 인간의 기능을 수행하고 입력 값을 통해 현실에서 직접 영향을 미치는 결과 값을 만들어 내는 모든 프로그램을 포함하도록 확장되어야 한다."라고 단언했다. 그는 한 가지 예로 (컴퓨터 프로그램을 통해 이루어지는) 고빈도 주식 거래를 언급하면서, "물리적인 효과는 아니더라도 어떤 식으로든 실생활에 영향을 미치는 컴퓨터 프로그램도 로봇으로 간주해야 한다."라고 주장했다. 결론에서 서프는 엄격하게 정의된 로봇을 포함해 현대의 컴퓨터와 통신 기술이 일으킬 수 있는 사회 문제를 다음과 같이 표현했다. “나는 계산을 통해 우리가 만들어 내는 것과 계산을 위해 사용하는 계산 시설, 이러한 계산 결과가 보여 주는 탄력성과 신뢰성, 그리고 **계산 결과가 가져올지도 모르는 위험성**을 깊이 생각하는 것이 우리 사회에 도움이 될 수 있다고 믿는다.”[7]

이러한 일련의 사고는 로봇이 얼마나 인간다워질 수 있는가 하는 논의에서 벗어나 단지 로봇을 유용성의 측면에서만 보는 데 도움이 된다. 서프에게 로봇이란 인간의 기능을 수행하는 하드웨어의 총합이 아니라 로봇이 수행하는 소프트웨어 기능이다. 그렇지만 소프트웨어 기능은 여러 복잡하고 작은 부분의 합으로 이루어진 세상에 많은 영향력을 미칠 수 있다. 예를 들어 이란의 핵무기 농축 원심 분리기를 정지시킨 컴퓨터 바이러스 스턱스넷(Stuxnet)처럼, 가상 세계에서 실제 물리 세계의 기계 작동을 멈추게 하는 가상 전쟁이 가능하다. 움직일 수 있고 잠재적 자율성이 있는 로봇의 내부에 있는 것 또한 가능하다.

우리의 논의를 위해서는 2005년 조지 베키가 정의한 로봇에 따라 로봇을 **신호를 받아들이고 생각하며 반응하는 기계**라고 보는 것이 도움이 될 수 있다. 따라서 로봇에는 센서와 인간의 인지 과정을 흉내 낼 수 있는 처리 능력, 구동기가 있어야 한다.[8] 로봇 공학이란 컴퓨터 과학을 선두로 재료 과학, 심리학, 통계학과 수학, 다양한 과학 및 공학 분야를 활용해 연구하고 디자인하며 만들어 내는 종합적 과학이라 할 수 있다. 인공 지능은 일반적인 범주 혹은 특수한 어떤 범주 안에서 식리콘 반도체를 통해 제어되고 최적화되는 인간 인지 과정의 재창조라 볼 수 있다.

태엽 장치 오리의 비밀

이러한 로봇 정의의 불확실성에도 불구하고, 수십억 세상 사람에게는 문학이나 영화로 접한 로봇의 이미지가 있으며 따라서 일단 로봇을 보기만 해도 바로 알아볼 것이다. 그래서 로봇이라는 단어의 정확한 어원을 아는 것이 중요하다. 사람들은 수천 년간 생물 시스템을 모방한 자동화 모형을 만들어 왔다. 뻐꾸기시계, 장난감들과 정교하게 만들어진 자동화 기기들은 수백 년을 거슬러 올라간다. 이들 중에 대표적인 것으로 1770년의 체스 기계 장치가 있는데, 안에 체스 대가가 숨어 벤저민 프랭클린(Benjamin Franklin)과 나폴레옹 보나파르트(Napoléon Bonaparte)를 물리친 일화가 유명하다. 이것이 이미지 인식과 같이 컴퓨터가 잘 하지 못하는 일을 사람들에게 도움을 구하는 등의 서비스, 아마존 메커니컬 터크(Amazon Mechanical Turk, 자동 체스 플레이어.—옮긴이)라는 이름의 시초이다. 로봇 공학의 지평선을 계속해서 넓히는 데 일조하는 프랑스에서는 더욱 다채롭고 흥미로운 발명이 이어졌다. 천재적인 청년인 자크 드 보캉송(Jacques de Vaucanson)은 태엽 장치 아이디어를 생물에 적용했다. 1735년에 26세였던 그는 대중의 흥미를 유발할 수 있는 기계 장치를 만들었는데, 바로 태엽으로 작동하는 오리였다.[9]

보캉송의 오리는 진짜 오리처럼 보이는 외관에 오리가 할 수 있는 몇 가지 기계 특성을 결합했다. 그 기계 오리는 앉고 서고 어기적어기적 걸으며, 물을 마시고 옥수수 알갱이를 먹을 수 있었다. 기계 오리가 할 수 있던 또 하나의 경이로운 특성이 보캉송을 유명 인사로 만들었고, 르네 데카르트와 장바티스트 콜베르, 블레즈 파스칼 등과 나란히 명성이 자자한 프랑스 과학 한림원의 회원으로 선출되도록 했다. 그 기계 오리는 똥을 눌 수 있었다. 어떤 사람들은 일주일 치 급여에 해당하는 입장료를 지불하고 오리를 보려고 줄을 섰다. 그 후에 보캉송은 프랑스 비단 제조업계를 관리하는 직책을 맡았고, 1745년에는 직물 무늬를 조절하는 천공 카드(1801년에 개발된 자카드 직기의 중요한 기초이다.)를 발명했다. 나중에 천공 카드는 초기 컴퓨터 연산을 입력하는 데에 사용되었다. 40년 후에 보캉송의 오리는 체스 기계와 마찬가지로 짓궂은 장난이었음이 밝혀졌다. 오리는 소화를 한 후에 똥을 눈 것이 아니라 먹은 먹이를 내부 저장소에 저장하고 다른 저장소에서 똥을 배출한 것이었다.

저명한 정책 분석가 피터 워런 싱어(Peter Warren Singer)가 지적한 대로, 보캉송의 오리는 인공 생명을 창조하려는 인간의 오랜 노력을 극명하게 보여 준다. 유대 인의 설화에 나오는, 생명이 없는 물질을 의인화한 골렘(golem, 인간을 닮은 진흙으로 만든 인형. — 옮긴이) 같은 개념은 성경까지 거슬러 올라간다. 『옥스퍼드 영어 사전』을 보면 수세기 동안 안드로이드가 인간을 닮은 자동 기계를 묘사하는 데 사용되었음을 알 수 있다. (안드로이드는 1728년까지 거슬러 올라가는데 보캉송의 가짜 오리 소동보다

10년이 채 안 된 때이다.) 종종 최초의 SF로 인용되는 『프랑켄슈타인』에는 실험실에서 생명을 창조하려는 시도가 얼마나 무서운 결과를 초래할 수 있는지 잘 쓰여 있다. 1822년에 찰스 배비지(Charles Babbage)는 부품 2만 5000개로 이루어진 기계식 계산기인 '차분 엔진(difference engine)'을 만들었다. 앞에서 보다시피 사람들은 오랫동안 인공 생물을 만들려고 노력해 왔다. 그렇다면 언제 로봇이 나타날까?

인간을 해치지 마라!

1920년 카렐 차페크(Karel Čapek)가 그의 연극 「로숨의 유니버설 로봇(R. U. R.)」을 출판했을 때, 그는 이미 잘 알려진 체코의 지성인이었다. 차페크 또한 다른 작가들처럼 이전의 전쟁과 제1차 세계 대전을 확실히 구별 짓는, 당시 사용된 기계적이고 화학적인 전쟁 무기가 가져온 대학살에 놀라고 있었다. 그의 작품은 현대의 비인간화에 대한 항의 표현으로서 생체 물질로 만든 인조 인간인 '로봇'을 영어 문화권에 소개했다. 그는 획일성, 포부의 부재, 반복적인 일에조차 흥겨워하는 태도 모두 로봇 개념을 통해 비판했다. 로봇이라는 단어는 당시에 농노가 해야 하는 강요된 노동을 뜻하는 '로보타(robota)'라는 체코 어에 기인한다. '로보타'는 노예를 뜻하는 슬라브 어족의 'rab'이라는 단어에서 왔다. 로봇이 금속으로 만들어져 있지도 않고, 기계적이지도 않다는 측면에서 로봇의 어원은 좀 더 정확하게는 안드로이드를 정의한다.

「R.U.R」에서 몇몇 로봇은 인간으로 착각될 정도였다.

연극은 널리 상연되었고 극본은 여러 언어로 번역되었다. 아무래도 로봇은 어느 정도는 SF 때문에 제 시기를 만나게 되었으며, 그 후 수십 년간 대중적으로 널리 묘사되었다. 그래서 로봇의 정의에 관한 딜레마는 문학 작가들이 기계 시대에 인간 생명의 가치 하락에 항의하고자 노예의 은유로 '로봇'을 사용하던 때인 100년 가까이 거슬러 올라간다. 1920년대 내내 로봇의 이미지는 기계의 발명을 『프랑켄슈타인』이나 도를 넘은 인간성을 다루는 그 이전의 이야기와 연결시키며, 생명을 창조하는 인간의 오만함에 초점을 두었다. 그렇지만 1942년경부터 로봇의 이미지는 훨씬 긍정적인 방향으로 움직여 갔다.

북아메리카 사람들이 지닌 로봇의 이미지는 전적으로, 1920년 러시아에서 태어난 아이작 아시모프(개명 전의 러시아식 이름은 이사크 유도비치 오지모프(Isaak Yudovich Ozimov)이다.)가 쓴 글의 직·간접적인 넓은 영향력에 기인한다. 초기에 작가로서 500권 이상의 책을 쓰면서 매우 활발하게 작품 활동을 한 아시모프는 현대 SF의 초석을 놓는 데 도움을 주었고, 나중에는 문학 비평, 논픽션 과학 저술, 추리 소설과 장편 소설을 출간했다. 그는 1939년에 미국 컬럼비아 대학교에서 화학 학사 학위를 받은 후 존 캠벨(John W. Campbell)과 함께 《어스타운딩 사이언스 픽션(*Astounding Science Fiction*)》의 편집자로 있으면서 '로봇 공학 3원칙'을 만들었다. 나중에 이 로봇 공학 3원칙은 로봇 SF에서 원칙으로 받아들여져 공식적인 로봇의 정의가 없던 때 로봇 공학자들의 행동 강령으로, 로봇 공학의 전문성 성숙도를 나타내는 표지로 여러 세대에 걸쳐 사용되었다. 이런 복잡다단한 초창기 로봇 공학에서 SF는 매우 영감이 넘치는 분야였고 유일하게 널리 유용한 자산이었으며, 그 분야에서 아시모프는 최선두 주자였다.

1980년대에 로봇 분야의 현황에 관한 논픽션의 서문에서 아시모프는 "비현실적으로 사악하거나 비현실적으로 고상한 로봇들을 보는 것에 지쳐서, 모든 기계가 그렇듯이 로봇도 적당한 안전성을 유지하며 단순히 기계로만 나오는 SF를 쓰기 시작했다."라고 적었다.[10] 이러한 상황에서 쓰인 1940년대 소설 아홉 편이 단편집 『아이, 로봇(*I, Robot*)』에 실려 있다. 그 작품 중 하나에서 아시모프는 현대 과학과 공학 중 한 분야로 자리 잡은 "로봇 공학(robotics)"이라는 용어를 처음으로 사용했다.

아시모프의 로봇 공학 3원칙은 로봇 SF의 환경에서는 잘 작동했지만, **로봇 판타지의 전제**로 쓰인 이래 75년 동안 하드웨어로 구현하려고 아무리 애써도 되지 않아 실질적으로는 별로 유용하지 않았다. 로봇 공학 3원칙은 다음과 같다.

1. 로봇은 인간에게 해를 끼쳐서는 안 되며, 어떤 행위를 하지 않음으로써 인간이 해를 입는 결과를 초래해서도 안 된다.
2. 로봇은 첫 번째 원칙에 위배되지 않는 한 인간이 내린 명령에 순종해야 한다.
3. 로봇은 첫 번째와 두 번째 원칙에 위배되지 않는 한 자신을 보호해야 한다.[11]

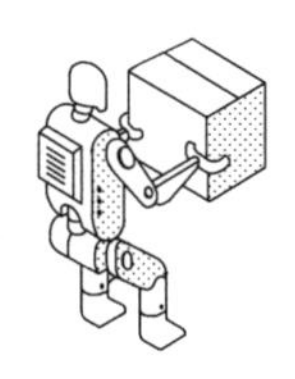

아시모프의 로봇 공학 3원칙은 로봇 SF의
환경에서는 잘 작동했지만, **로봇 판타지의 전제**로
쓰인 이래 75년 동안 하드웨어로 구현하려고 아무리
애써도 되지 않아 실질적으로는 별로 유용하지 않았다.

나중에 아시모프의 로봇 이야기가 개인뿐 아니라 전 인류 문명과의 상호 작용을 포함했을 때, 아시모프는 '0원칙'이라는 네 번째 법칙을 추가했으며 이 법칙을 논리적으로 최우선시했다. 이 0원칙은 앞에서 제시한 3원칙에 우선하는 원칙이었다.

> 0. 로봇은 인류에 해를 끼쳐서는 안 되며, 어떤 행위를 하지 않음으로써도 인류에 간접적으로 해를 끼치는 결과를 초래해서도 안 된다.

비록 단순히 살펴보아도 이 원칙을 만족하게끔 실제로 로봇을 공학적으로 구현하기란 불가능하지만, 로봇 공학 3원칙은 로봇 분야에서 상당한 영향력을 행사하고 있다. 싱어는 정의 자체에서 이미 로봇 공학 제1원칙을 무시해야 하는 무인 항공기나 다른 군사 기술을 이야기하면서도 로봇 공학 3원칙을 언급한다. 싱어는 대부분 산업이 마약, 총기류, 자동차 및 여러 윤리적으로 복잡한 기술을 최대한 가볍게 규제하고 있음을 감안한다면, 로봇 기술에 특화된 윤리적 규칙의 부재가 군사 영역에서 문제가 되고 있기는 하지만 (예를 들어 로봇이 고문의 도구로 사용될 수 있는가?) 놀라운 일은 아니라고 말한다.[12] 오랫동안 MIT 로봇 공학 이니셔티브 책임자인 로드니 브룩스는 단순히 다음과 같이 말한다. "우리는 로봇 공학 3원칙을 지킬 수 있는, 충분히 지각력이 뛰어나고 스마트한 로봇을 만드는 방법을 모른다." 그리고 다음과 같이 덧붙인다. "로봇 공학 3원칙이 로봇을 만드는 데에 얼마나 많은 것을 요구하는지를 아시모프도 몰랐을 수 있다."[13]

2009년에 미국 텍사스 A&M 대학교의 교수 로빈 머피(Robin Murphy)와 오하이오 주립 대학교 데이비드 우즈(David D. Woods)는 "책임 있는 로봇의 3원칙"이라 불리는 원칙을 내놓았다. 이 논문은 SF에서가 아닌 현실 세계의 공장이나 요양원, 실험실에서 로봇의 책임감, 의도, 의도하지 않은 결과들에 관해 필요한 질문을 하기 위한 것이었다. 그들이 제시한 원칙은 다음과 같다. 이 원칙은 '계산-기계 공학적으로 어떻게 할 것인가?'보다 인간이 지닌 책임의 우선 순위에 관한 것임을 주의해서 보기 바란다.

1. 안전과 도덕성에 관해 가장 높은 수준의 법률적이고 전문화된 표준을 충족시키는 인간-로봇 작업 시스템 없이 로봇을 내놓아서는 안 된다.
2. 로봇은 그들의 역할에 맞게 인간에게 반응해야 한다.
3. 로봇은 자신을 보호하기 위해 상황에 맞는 자율성을 충분히 갖추어야 한다. 이 원칙은 첫 번째와 두 번째 원칙을 위반하지 않으면서 로봇의 통제권을 원활히 로봇에 이전하는 한 유효하다.[14]

간단히 말해서, 로봇이 등장하는 SF가 우리에게 남긴 문제는 주요 도덕 행위자로서 인간보다 로봇에 강조점을 두었다는 것이다.

그래도 우리는 로봇을 알아본다

컴퓨터 기반의 로봇을 만들려는 시도가 반세기 넘게 이루어진 지금도, 어떤 것이 로봇이고 어떤 것이 로봇이 아닌지 여전히 완전하거나 혹은 적어도 그럴 듯한 이해도 없는 실정이다. 제품 창고의 바닥에 그려진 선을 따라 움직이는 무인 운반차의 경우 감지·이동 능력은 있지만 인지 능력은 전혀 없어 보인다. 특히 무인 운반차는 처음 만들어진 당시에도 로봇이라 불리지 않았고 지금도 그렇다. 이러한 장치들이 어떻게 분류되어야 하는지는 불명확하다.

대조적으로, 특정 장소에 고정되어 있으면서 인간의 안전을 위해 새장처럼 생긴 곳에서 전자 기억 소자에 따라 반복적인 일을 하는 산업 로봇이 로봇이라 불리게 된 이유는 직접적으로 아시모프까지 거슬러 올라간다. 조지프 엔젤버거(Joseph Engelberger)는 새로운 공작 기계보다 더 나은 무엇인가를 만들어 보겠다는 명백한 동기를 부여받았다.

> 여러 번, "로봇이라 칭하지 마라. 프로그래밍 가능한 조작기라고 부르라. 생산 단말기 혹은 범용 전송 장치라 부르라."라는 조언을 들었다. 하지만 맞는 명칭은 **로봇**이고 **로봇이어야만 한다**. 나는 로봇을 만들고 있었다. 빌어먹을! 아시모프의 말을 빌리자면, 이것이 로봇이 아니라면 아무 재미도 없을 것이었다. 나는 고집을 부릴 수밖에 없었다.[15]

'감각-사고-행동'이라는 로봇 패러다임은 산업 로봇에는 문제가 있어 보인다. 몇몇 관찰자는 로봇이 움직일 수 있어야 한다고 항변한다. 로봇이 움직이지 않아도 된다면 왓슨 컴퓨터는 로봇이라 불릴 만할 것이다. 다른 더 최근의 예는 실리콘밸리에서 나왔다. 네스트는 학습이 가능한 온도 조절기이다. 온도 감지기가 달려 있고, 와이파이에 연결되어 있어서 집 주인의 행동을 추적해 온도를 자동으로 바꾼다. 네스트 개발 팀은 다수가 컴퓨터 공학과 로봇 공학 전공 박사 학위 소지자였으며, 또한 소비자 제품 혁신에 대한 분명한 경력이 있었다. 개발에 참여한 많은 사람들이 애플 아이팟(iPod)이나 구글 검색 엔진과 관련해 일한 경력이 있었다. 네스트 제품은 주인의 움직임, 온도, 습도와 빛을 감지한다. 집안에 아무런 움직임이 없다면, 아무도 집에 없는 것이므로 에어컨이 작동할 필요가 없다고 판단한다. 그리고 행동한다. 상황에 맞는 입력 값이 주어지면 자율적으로 난방을 끈다.

앞의 설명과 같이 네스트는 로봇 공학 3원칙을 만족시키는데, 그렇다면 네스트는 로봇인가? (구글이 거의 같은 시기에 네스트 창업 기업을 인수했다는 사실은, 여타 로봇 투자자들이 사람들에게 네스트를 로봇이라고 제안하게 했다.)

인튜이티브 서지컬(Intuitive Surgical)은 다 빈치 수술 시스템을 판매한다. 다 빈치 시스템이 외과의의 정교한 조이스틱(joystick) 조작을 따라 환자의 몸속에서 진찰 도구를 움직여 진단하고 수술 기구를 움직여 수술을 할 수 있다. 다 빈치는 확실히 센서가 있고, 환자에게 수술이라는 행위를 한다. 그렇지만 자율적인 인지 장치가 없는데, 다 빈치를 로봇이라고 부른 수 있을까?

아시모프는 로봇을 정의하지는 않았고, 단지 이상적인 로봇이 지켜야 하는 가설적인 도덕적 원칙을 제시했다. 사전은 전혀 도움이 되지 않는다. 할리우드 영화의 로봇 캐릭터를 다음 장에서 더 분석할 예정이지만, 지금 당장은 1960년대의 만화 캐릭터 로지 젯슨(Rosie Jetson)이나 스탠리 큐브릭(Stanley Kubrick) 감독의 영화 「2001 스페이스 오디세이(2001: A Space Odyssey)」에 나오는 HAL 9000, 조지 루카스(George Lucas) 감독의 영화 「스타 워즈」에 나오는 R2D2도 로봇이 무엇이며 혹은 무엇이 아니라고 정의를 내려 주지 않는다고는 말할 수 있다. 마찬가지로 현재 일반적으로 자동차 공장에서 사용하는 수백 개의 산업 로봇들 어느 하나 로봇을 무엇이라고 정의하지 않는다. 그럼에도 불구하고 우리 대부분은 로봇을 바로 알아볼 수 있다.

3강
20세기 로봇 오디세이

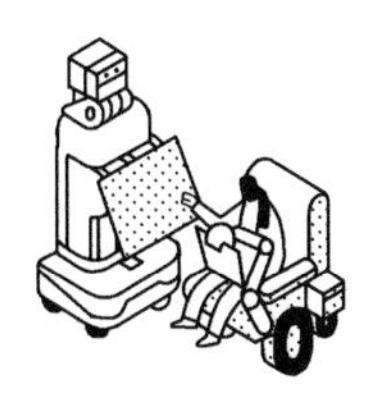

과거의 신화

인간의 능력을 복제하고 강화하며 초월하는 인공 생명체를 창조하려던 노력은 수천 년 전 시도된 골렘부터 시작해서 뻐꾸기시계와 메커니컬 터크, 보캉송의 오리까지 계속되어 왔다. 이러한 지속적인 탐구를 가능하게 만드는 힘은 무엇일까? 인간은 아마도 그들이 믿는 종교 속 신의 수준에 이르는 창조자의 지위를 얻고 싶어 해 왔던 것 같다. 종교학자 로버트 제라시(Robert Geraci)는 약간 다른 설명을 한다. 아담과 이브의 이야기는 서구 문화에 깊이 뿌리내렸다는 것이다. 이 신화는 이어서 인류가 아담과 이브 이후로 계속 신의 은혜와 떨어진 상태로 살아가고 있다고 가정한다. 그러므로 인공 창조물에 대한 탐구는

신의 은혜에서 멀어진 불완전한 상태를 벗어나서 새로운 시대를 열겠다는 시도로서 지속되고 있는 것이다.[1]

이러한 탐구가 유대교와 기독교 문화에만 있는 것은 아니다. 존경받는 일본의 로봇 공학자 기타노 히로아키(北野宏明) 역시 로봇의 기원을 서구 문화와 놀랄 정도로 유사하게 설명한다. "휴머노이드 로봇인 피노(PINO)는 상징적으로 인간의 욕망뿐만 아니라 나약함을 표현한다. 인간은 이러한 로봇을 통해서 성장을 향한 불확실한 발걸음을 내디디며, 인간의 진정한 의미로 한걸음 더 다가가게 된다."[2]

기술은 (셰이커 교나 아미시 교가 주장하듯이) 인간의 방해물이라는 시각과, 더 나은 인간 삶을 위한 보조 도구라는 시각이 공존한다. 제라시는 컴퓨터 사용이 분권화되고 지식이 모두에게 고루 돌아가면서 더욱 수평적이고 평등한 권력 구조를 만들어 낼 수 있다는 개인용 컴퓨터 시대의 '디지털 유토피아'를 설명한다. 한편 그는 '종말론적 인공 지능'이라는 개념을 다양한 표현들을 통해서 추적해 나간다. 예를 들어 트랜스휴머니스트들은 인간의 불완전한(이들은 신으로부터 "떨어진"이라는 단어를 의도적으로 거부한다.) 상태를 넘어서는 단계로서 인공 생명체를 바라본다. SF 소설과 대중 과학 관련 저술들은 이 주제를 증폭시키는 데 일치된 견해를 보인다. 로봇 공학자이자 소설가인 한스 모라벡(Hans Moravec)은 그의 책 『마음의 아이들(*Mind Children*)』("마음의 아이들"은 인공 지능 로봇을 가리킨다.)에서 로봇이 적자 생존의 게임에서 인간을 패배시키는 내용을 설파하고,[3] 커즈와일은 그의 저서들에서 '특이점' 이론을 설명하기 위해 미래에서 온 인물(인공 지능 로봇)을 등장시킨다.

배터리의 수명이나 인공 시각 기능, 혹은 경로 계획 알고리듬에 관한 이해가 로봇을 논하는 데 반드시 필요한 만큼, 구원이나 영생, 혹은 내세의 완전한 상태와 같은 깊은 종교적 개념 역시 로봇을 이해하기 위해서 꼭 필요하다. 제라시가 주장하듯이 "로봇 공학과 인공 지능 연구자들이 사색하고 있는 미래에는 유대교와 기독교의 종말론적 전통 속 신성한 개념들이 철저하게 관통하고 있다." 이러한 생각이 온라인 게임과 대중 문화, 각종 컴퓨터화된 사용자 인터페이스, 로봇 청소기, 드론 무기, 주식 투자 로봇, 자율형 공장 등의 이질적인 영역에서 드러나는 것을 볼 때, 로봇 연구는 동시대 인간의 삶을 들여다볼 수 있는 매력적인 열쇠 구멍이라 할 수 있다. 제라시는 이러한 현상을 종합하면서 다음과 같이 결론을 맺는다. "지능형 로봇을 연구한다는 것은 결국 우리의 문화를 연구하는 것이다."[4] 한 단계 더 나아가서, 카네기 멜런 대학교의 로봇 과학자 누르바흐시는 "로봇 혁명은 가장 로봇 같지 않은 이 세상의 특질을 확인하는 과정이다. 그것은 바로 인간성이다."라고 말하며 문화 그 이상의 것이 로봇 공학과 관련되어 있다고 주장한다.[5]

우리가 인정해야 할 또 다른 신화는 미국 문화에 자리 잡은 기술에서 찾을 수 있는데, 미국의 건국 초기까지 거슬러 올라간다. 미국의 역사는 몇 가지 측면에서 독특하다. 유럽과의 관계에서, 막대한 크기에서, 엄청난 광물 자원에서, 경쟁 체제라는 측면에서 말이다. 다른 어떤 나라에서도 그렇게 다양한 규모의 이민자들이 토착민을 대체한 경우는 없었다. 미국적이라는 것의 핵심 특질은 바로 '문명'과 미지의 세계 사이에서 서진하는 물리적 경계가 하는 역할이다. 캘리포니아 주와 미국 서부 내륙에 많은 사람이 거주하게 된 이후로도, 탐험하고 개척해야 할 땅에 선을 긋는다는 관념은 여전히 유효했다. 아폴로 호의 달 착륙은 바로 이러한 서사 구조에서 정확히 이해될 수 있다. 이후의 SF 콘텐츠는 이러한 "땅따먹기" 전략에 더 공격적으로 동조했다. 이러한 생각은 미국에서 방영되던 텔레비전 드라마 「스타 트렉」의 오프닝에서 가장 직접적으로 나타난다.

> 우주, 최후의 개척지. 이것은 우주선 엔터프라이즈 호의 항해이다. 5년간 엔터프라이즈 호가 수행한 임무는 새로운 세계를 탐험하고 새로운 생명과 문명을 발견하며 이제까지 누구도 가 보지 못한 곳으로 대담하게 나아가는 것이다.[6]

북아메리카 개척지의 정복과 정착민들의 이주는 기술의 혁신을 통해서 이루어졌다 해도 과언이 아니다. 바로 19세기에 개발된 소총과 철도, 가시 철망, 전보에 이어 20세기에 개발된 관개 기술, 냉난방 장치, 주와 주를 잇는 고속 도로의 건설 같은 혁신적 기술이 이러한 정복의 첨병에 서 있었다.[7] 기술은 물리적인 국경을 확립·확장하는 데 도움을 주었고, 영토가 개척되자 스스로 은유적인 국경이 되어서 이전과 마찬가지로 미개척지를 찾아 나서는 데 기여하게 된 것이다.

신화적인 측면에서, 미국의 이러한 개척 정신은 과학과 지식, 혁신의 영역에 아주 잘 적용된다. '첨단 과학(frontier of science)'이라는 키워드로 구글 검색을 해 보면 무려 3100만 건의 페이지가 나온다. 일본, 프랑스, 독일, 스웨덴 등 많은 나라들이 활발한 로봇 공학 연구 프로그램을 운영하고 있지만, 미국이 로봇 공학에 들이는 노력은 과거의 풍부한 신화적 이상에 매우 근접한 위치에 자리매김하고 있음에 틀림없다. 그 신화적 이상은 바로 정복, 영토 확장주의, 그리고 하나의 단어로 설명하기에는 부족한 다른 특성, 여기서는 '해결주의(solutionism, 원래 영어 단어가 아닌 신조어로 어떤 문제에든 해결책이 있다는 믿음을 나타낸다. — 옮긴이)' 정도로 명명될 수 있는 것이다.

한 가지 측면에서 이 신조어는 특히 미국 중심의 태도를 반영하는데, 대부분의 문제에는 해결책이 있으며 기술을 통해서 찾을 수 있다는 약간은 순진무구한 생각을 동반한다. 문화 비평가인 예브게니 모로조프(Evgeny Morozov)는 앞에서 쓴 해결주의라는 단어를 다음과 같이 좀 더 신랄하게 설명한다. "이 개념은 어떤 문제를 우리가 다룰 수 있는 훌륭하고 깨끗한 기술로 해결 가능한지 여부라는 한 가지 기준에만 근거해서 바라보는 지적 병리 상태를 가리킨다."[8] 어떤 설명을 당신이 받아들이든 간에, 미국의 정신에는 어떤 문제들은 바로 해결될 수 없다는 것을 받아들이는 '현실적인' 관점보다는 오히려 어설픈 땜질로라도 문제를 해결하고자 하는 무엇인가가 깃들어 있다.

유대교와 기독교의 문화, 그리고 미국의 문화라는 두 배경을 염두에 두고, SF 소설이나 영화, 텔레비전 프로그램에 주로 나타나는 서구 문화의 로봇으로 이야기의 중심을 옮겨 보자. 실제로 새로운 기술의 뿌리는 로봇 공학에서보다는 SF 소설에서 찾기가 더 쉽다. 로봇이라는 단어가 생긴 시점부터 로봇 공학의 역사는 SF 도서, 영화의 이미지나 유산과 일치해 왔고, 또 그로부터 큰 영향을 받으면서 형성되어 왔다. SF가 비교적 젊은 장르이고 영화나 텔레비전도 젊은 매체라는 점에서 로봇 공학에 미치는 이런 문화적 영향력의 경로는 전례가 없는 것이다. 그 결과는 근본적이지만 눈에 잘 띄지는 않는다. 로봇 공학 분야가 훨씬 더 실현 가능하고 친숙해지면서 문화적 기원을 이해하는 일은 로봇이 무엇이고, 인간은 무엇을 원하고 있으며 어떻게 이 두 존재가 상호작용할지를 결정하는 데 필수적인 단계이다.

「R. U. R.」, 인류의 시대는 끝났다

「R. U. R.」는 로봇이라는 단어를 처음 소개한 연극으로, 기계화와 더불어 기계화가 조장하는 비인간화에 대한 비판을 담고 있다. 1921년에 체코 프라하에서 초연되었으며, 1962년의 한 분석에 따르면 "세계의 거의 모든 문명국"에서 번역되고 20세기에 가장 활발하게 공연된 연극 중 하나이다.[9] 각본을 쓴 카렐 차페크는 한 잡지에서 다음과 같이 말했다.

> 늙은 발명가였던 로숨(Rossum, 이 이름을 번역하면 '박학 씨(Mr. Intellectual)' 혹은 '똑똑 씨(Mr. Brain)'가 된다.)은 지난 19세기의 과학적 물질주의를 대표하는 전형적인 인물이다. 기계적 차원을 넘어 화학적, 생물학적 차원에서 인공 인간을 만들고자 했던 그의 욕망은 신의 존재가 불

필요하고 터무니없다는 것을 증명하려는 어리석고도 완고한 소망에 따라서 생겨났다. 젊은 로숨은 형이상학에 얽매이지 않는 근대의 과학자이다. 그에게 과학 실험이란 공업 생산으로 향하는 여정의 일부인 것이다. 그는 무엇인가를 증명해 내려고 애쓰기보다는 무엇을 제작할 것인가에 더 신경을 쓴다.[10]

즉 현재 일반적으로 쓰이는 용어로 바꿔 말한다면 이 연극은 산업 생산의 논리와, 프랑켄슈타인 박사처럼 인간을 복제하려는 인간의 욕망 둘 다에 대한 문화 비평이었다.

기계적인 노예로서의 로봇과, 자신을 만든 인간 제작자에 대한 잠재적인 반역자이자 파괴자로서의 로봇이 나타내는 역할 대비는 『프랑켄슈타인』을 떠올리게 하고, 아울러 통제를 벗어날 준비가 되어 노예로서의 운명이 한계에 다다른 서구 로봇 캐릭터의 모습을 설정하는 데 도움을 준다. 이러한 이중성은 20세기 내내 터미네이터와 「2001 스페이스 오디세이」의 HAL 9000, 「블레이드 러너」의 복제 인간들을 통해서 드러났다. 연극 「R. U. R.」의 주인공 헬레나는 로봇에도 자유가 있으면 좋겠다고 생각하는 동정심 많은 인물이다. 라디우스는 자신의 신분을 이해하는 로봇이며, 자신을 만든 제작자들의 어리석음에 애가 탄다. 이러한 그의 좌절은 조각상들을 부숨으로써 표출된다.

헬레나: 불쌍한 라디우스……. 그냥 네가 너 자신을 통제하면 안 되는 거야? 이제 그들은 곧 너를 쇄광기에 보내 버릴 거야. 뭐라고 좀 해 봐. 왜

이런 일이 너에게 일어난 거야? 라디우스. 자, 봐. 네가 다른 나머지 로봇들보다 훨씬 나아. 갈 박사가 너를 다르게 만들기 위해서 그런 고생을 한 거잖아. 뭐라고 말 좀 해 보라고!

라디우스: 나를 그냥 쇄광기로 보내 줘.

헬레나: 그 사람들이 너를 곧 죽일 거야. 왜 조심하지 않았어?

라디우스: 난 너를 위해 일하지 않아. 그냥 날 쇄광기에 넣어 줘.

헬레나: 넌 우리를 왜 그렇게 싫어하니?

라디우스: 너희 인간은 로봇이 아니잖아. 너희는 로봇처럼 능숙하지 않아. 로봇은 모든 것을 할 수 있어. 너희가 하는 일은 그냥 명령을 내리는 것뿐이야. 늘 필요한 것 이상을 말하고.

헬레나: 그래, 그건 어리석은 짓이야. 자, 나한테 말해 봐. 누가 너를 화나게 했니? 네가 나를 이해한 것처럼 나도 너를 좀 이해해야겠어.

라디우스: 네가 할 수 있는 일은 그저 말하는 것뿐이야.

헬레나: 갈 박사는 너에게 다른 로봇보다 더 큰 두뇌를 줬어. 심지어 우리 인간의 두뇌보다 크고 세상에서 제일 큰 두뇌라고. 너는 다른 로봇과 같지 않아. 너는 나를 완벽하게 이해할 수 있잖아.

라디우스: 나는 어떤 주인도 원하지 않아. 나는 스스로 모든 것을 알고 있다고.

헬레나: 그게 바로 내가 너를 도서관으로 보내서 모든 것을 읽고 이해할 수 있도록 한 이유야.[11] 라디우스, 나는 로봇과 인간이 평등한 세상을 너에게 보여 주려고 했어. 그게 바로 네가 원했던 거잖아.

라디우스: 나는 어떤 주인도 원하지 않아. 내가 바로 주인이 되고 싶다

고.[12]

헬레나의 연민이 라디우스가 쇄광기로 보내지는 것을 막았고, 결국 라디우스는 후에 인간에게서 권력을 빼앗는 로봇의 혁명을 이끌게 된다. 차페크는 인조 인간이 창조자들에게 거둔 승리를 묘사하는 데 전혀 주저함이 없다.

> **라디우스:** 인간의 권력은 땅에 떨어졌다. 공장을 소유함으로써 우리 로봇은 모든 것의 주인이 되었다. 인류의 시대는 이제 끝났다. 새로운 시대가 도래한 것이다. 인간은 이제 아무것도 아니다. 인간은 우리에게 삶의 지나치게 작은 부분만을 허용해 주었다. 우리는 더 나은 삶을 원했다.[13]

이 연극에서 인간은 로봇 반란군이 반란을 일으키기 전부터 이미 파멸로 치달을 운명이었다. 기계화가 인간의 본성을 앞지르면서 인간은 재생산 능력을 잃게 된다. 로봇의 능력, 생동성, 자의식이 증가할수록 인간은 점점 더 기계처럼 변해 간다. 차페크의 비판에 따르면 인간과 로봇은 본질적으로 하나이고 같은 존재이다. 산업 생산성이라는 가치는 두 사람 반 몫의 작업을 해 낼 수 있는 로봇으로 달성된다. 이러한 경쟁은 제1차 세계 대전 직전에 나타난 효율성 운동을 암묵적으로 비판하는데, 이는 인간의 여러 가지 본질적인 특성을 무시하는 시간 동작 연구와 관련이 있다.

이 연극이 메리 셸리의 『프랑켄슈타인』에서 받은 영향은 두 작품이 거의 100년의 시차가 있음에도 불구하고 실로 엄청나다. 이 두 작품에서 인간은 인공 생명체를 창조하려 시도함으로써 자신의 오만함을 드러낸다. (심지어 오늘날에도, 브룩스는 로봇을 "우리의 창조물"이라고 부른다.) 『프랑켄슈타인』에서처럼 인간이 잘못된 제조법을 사용하든지 아니면 차페크의 희곡과 그 이후 작품들에서처럼 인간보다 더 뛰어난 인공물을 만들든지 간에 인간은 신의 역할을 하고자 열망한 값을 치른다. 결국 두 작품 모두에서 창조주와 창조물 사이의 잘못된 관계는 음모를 꾸미게 되고 갈등은 끝내 유혈 사태로 번진다.

오늘날 이 연극을 아는 사람이 많지는 않다. 더 많은 사람들은 아시모프의 로봇 소설들을 안다. 어떤 경우든 간에, 로봇 공학은 전형적으로 생체 모방을 통해서든, 흠잡을 데 없는 논리를 통해서든, 경제적 우월성을 통해서든 인간성에 가깝게 다가가기를 열망하는 특별한 기술 분야임에 틀림없다.

우리가 사랑한 로봇 캐릭터

인간의 노예로서 로봇과, 노예 상태라는 제약에 대한 반역으로 인간의 잠재적인 주인이 될 수도 있는 로봇 사이의 이중성은 20세기 서구에서 현저하고 일관적으로 나타난다. 차페크의 연극이 공연된 지 단 6년 후에 독일 감독 프리츠 랑(Fritz Lang)의 영화 「메트로폴리스(Metropolis)」가 개봉했다. 이 작품은 지금까지 만들어진 영화 가운데 가장 영향력 있는 영화 중 하나로 인정받고 있는데, 이는 이 작품이 나치의 이데올로기를 형성하는 데 크게 기여했기 때문만은 아니었다. 「메트로폴리스」에서도 역시 인간들 속에 섞여 있는 로봇의 진정한 정체성에 관한 인간들의 혼란, 비인간화된 산업 노동자들의 심상치 않은 저항, 인간과 로봇 사이의 낭만적인 관계와 같이 「R. U. R.」의 주제들이 이어졌다. 결국 이 영화에서 노동자들을 부추겨서 폭동을 일으키고 기계를 파괴하게 한, 기계로 만들어진 가짜 마리아는 발각되고 화형을 당한다. 하지만 이 가짜 마리아의 원형인 진짜 마리아는 납치된 곳에서 탈출해 노동자와 공장 소유주의 갈등을 평화롭게 해결하는 중재자를 돕게 된다. 이 무성 영화는 러닝 타임이 2시간 30분 정도이고 촬영 기간이 310일이었으며, 배우 약 3만 6000명이 출연했다. 이 방대한 분량과 복잡한 줄거리에도 불구하고 「메트로폴리스」는 영화사에 한 이정표를 세웠다. 기만적이고 반항적인 기계 마리아에 대한 묘사는 차페크가 설정한 로봇의 전형에 아주 가깝다.

그다음 기억할 만한 캐릭터는 1939년 영화사에서 가장 사랑받은 영화 중 하나에 등장했다. 그는 바로 영화 「오즈의 마법사(The Wizard of Oz)」에 등장한 양철 나무꾼(Tin Man)인데, 그 모습이 기계적인 보철 기구들을 설치한 결과물이라는 측면에서 우리가 앞으로 마주하게 될 다른 로봇의 모습과 동일선상에 있다. 나무꾼이었던 그는 팔다리를 하나씩 다치게 되자 대장장이가 그에게 양철로 된 몸을 달아 주었다. 그런데 대장장이가 그만 그에게 심장을 달아 주는 것을 잊고 말았다. 이 양철 나무꾼은 『프랑켄슈타인』에서 나타나는 기계 개념에서는 약간

벗어나는데, 첫째로 양철 나무꾼은 기계화가 점진적으로 일어난다는 측면에서 다르고, 둘째로 영화(혹은 원작 소설)의 주제가 양철 나무꾼이 지닌 힘의 세기나 논리적인 측면에 있는 것이 아니라 감정에 대한 그의 욕망에 초점을 맞추고 있다는 점에서 다르다. 이 양철 나무꾼 캐릭터는 하나의 아이콘이 되어 이 영화가 개봉된 이후 수십 년간 다른 소설과 대중 음악, 광고 등에 출현하게 되었다.

1939년, 뉴욕 박람회장에서 웨스팅하우스(Westinghouse)라는 회사는 피부가 알루미늄으로 되어 있는 약 2미터 높이의 로봇 '일렉트로(Elektro)'를 전시했다. 일렉트로는 담배를 피울 수 있었고, 손가락으로 수를 셀 수도 있었으며, 내장된 분당 78번 회전하는 축음기를 이용해서 말을 할 수도 있었다. 1년 후에 이를 이어받아 앉고 애원하며 짖을 수 있는 금속 로봇 강아지 '스파코(Sparko)'를 선보였다. 일렉트로는 최근에 복원되어 오하이오 주 맨스필드에 위치한 웨스팅하우스 맨스필드 공장 단지 내 기념 박물관에 전시되었다.

영화 「메트로폴리스」가 상영된 지 약 10년 후가 되면 SF 소설이라는 장르는 대중성이라는 측면에서나, 영화의 줄거리나 주제의 중심 소재로서 로봇을 다루는 측면에서나 모두 발전 일로에 있게 된다. 1940년대에 이른바 'SF의 3대 거장' — 아서 클라크(Arthur C. Clarke), 로버트 하인라인(Robert Heinlein), 아이작 아시모프 — 이 등장하면서 독립된 장르로서 SF의 시장성과 인지도를 확고히 하는 데 큰 도움을 주었지만, 로봇이 새로운 지위를 얻고 로봇 공학이 기계 공학이나 역학과 어깨를 나란히 할 것이라고 예측된 데에는 바로 아시모프가 쓴 작품들의 공이 크다. 1939년과 1950년 사이에 쓰이고 1950년 『아이, 로봇』이라는 단행본으로 출간된 일련의 단편 소설들을 통해서 아시모프는 양전자 두뇌(positronic brain)라는 개념을 소개하는데, 이는 인공적인 존재로서 인간이 알아볼 정도의 의식을 가질 만큼 충분히 높은 수준으로 작동하는 컴퓨터를 말한다.

아시모프의 글에 등장하는 로봇은 자신의 조물주들을 파괴하도록 계획된 인공물(아시모프는 이를 "위협으로서의 로봇(robot-as-menace)"이라고 명명했다.)이라는 프랑켄슈타인식의 전형에서 탈피해,[14] 도덕률을 단순히 제시하지 않고 갈등이라는 수단을 통해 탐색하는 과정을 일관되게 보여 준다. 1942년에 출판된 「런어라운드(Runaround)」라는 단편 소설에서 아시모프가 천명한 로봇 공학 3원칙은 로봇 소설이 위협적이거나 감상적일 필요가 없다는 이후의 생각과 직접적으로 맞닿아 있다. 대신에, 1982년에 아시모프는 다음과 같이 썼다. "나는 감정이라고는 찾아볼 수 없는 사무적인 공학자가 만든, 산업 생산품으로서의 로봇을 생각하기 시작했다. 그 로봇들은 특정 안전 기능이 탑재되어서 인간을 위협하는 존재가 될 수도 없었고, 특정 임무를 위해 만들어졌기 때문에 어떤 연민도 필요 없었다."[15] 예를 들어 아시모프의 작품에 나타난 로봇 심리학(robopsychology)이라는 개념은 로봇이 내리는 의사 결정의 이유를 인간 관찰자들이 이해할 수 있도록 돕는다. 그의 작품에는 작업의 가치나 인간과 로봇의 상호 끌림, 로봇과 인간의 삶이 지닌 상대적인 가치 등과 같은 복잡한 주제들 역시 규칙적으로 나타난다.

로봇 SF 소설의 한 가지 주요 장르는 기계적인, 혹은 생체 역학적 형태를 가지고 살아가는 우주에서 온 외계인 이야기이다. 여기서 로봇 장르 사이의 구별이 중요하다. 기술적 측면보다는 문화적 측면에서 볼 때, 로봇은 의인화된 경향을 보이는 기계적 실체인 경우가 많다. '안드로이드'라는 단어는 19세기부터 쓰였는데, 이 단어는 살과 같은 외형을 가진 비인간 존재를 가리킨다. (엄밀히 말해서 「R. U. R.」에 등장한 차페크의 로봇들은 로봇이 아니고 안드로이드이다.) 반면 '사이보그'라는 개념은 1960년경에 등장했다. MIT 교수 노버트 위너(Norbert Wiener)가 만든 '사이버네틱스'라는 단어는 "동물과 기계의 통제와 의사 소통에 대한 과학적 연구"라는 뜻이다.[16] 그러므로 사이보그란 인공 통제 체계와 유기적 통제 체계가 합쳐진 존재인 것이다. 비록 '사이버네틱 유기체'라는 용어가 더 큰 시스템에서 더 넓은 의미로 사용될 수도 있지만, 우리의 논의에 따르면 사이보그는 전형적으로 계산 공학적 혹은 로봇 공학적 능력을 적용해서 성능을 향상시킨 유사 인간적 캐릭터이다.

대중 문화에 나타나는, 우주에서 온 로봇들은 앞에서 분류한 어떤 종도 될 수 있다. 영화 「지구 최후의 날(The Day the Earth Stood Still)」에서 클라투(Klaatu)라는 외계인은 세계의 평화를 증진시키는 (즉 유엔의 탄생을 암묵적으로 지지하는) 메시지를 지구로 가져온다. 이때 고르트(Gort)라는 로봇이 동행하는데, 이 로봇은 프랭크 로이드 라이트(Frank Lloyd Wright)와의 협업을 통해서 디자인된 우주선에서 등장한다. 1956년에는 「금단의 행성(Forbidden Planet)」에 로비(Robby)라는 로봇이 후에 영화 「에어플레인(Airplane)」에도 출연했던 레슬리 닐슨(Leslie Nielsen)과 함께 등장한다. 「금단의 행성」 이후에도 로비는 다른 영화나 텔레비전 프로그램에도 출연하게 된다. 특징적인 것은, 로비가 지구로 오는 것이 아니라, 인간들이 우주로 여행을 할 때 로비를 만난다는 것이다. 1960년 이후에는 인간의 우주 모험이 더욱 보편적인 주제가 되고 이러한 주제하에 이정표가 될 만한 몇몇 영화도 만들어진다.

우주여행은 로봇 장르 영화가 고전을 각색해서 영화화하는 몇몇 편리한 방법 중 하나로 자리 잡았다. 「2001 스페이스 오디세이」를 포함한 많은 영화들이 호메로스에게 빚지고 있는 것은 명백한 사실이다. 유럽에서 오스트레일리아로 가던 배가 인도양에서 난파된 이야기를 다룬 1812년의 『로빈슨 가족의 모험(*The Swiss Family Robinson*)』은 『로빈슨 크루소(*Robinson Crusoe*)』에서 영감을 받았고, 이는 다시 1960년대에 방영된 한 텔레비전 프로그램에 영감을 주게 되었다. (「스타 워즈」에 나타난) 아버지와 아들의 대립, 유년에서 성인으로의 성장, 신원 오인, 프랑켄슈타인의 괴물의 위협과 같은 것들은 모두 반복되는 주제인데, 이는 로봇 캐릭터는 단지 부분적 인간이라는 왜곡과 함께 나타난다.

1963년 영국 공영 방송(BBC)에서는 「닥터 후(Doctor Who)」라는 텔레비전 시리즈의 방영을 시작했는데, 달렉(Dalek)이 두드러진 역할을 담당한다. 달렉은 돌연변이로 무자비한 살인자가 된 외계인 사이보그이다. 그들은 증오를 제외한 모든 감정이 결핍된 상태였다. 그들이 가장 자주 하는 말은 “말살하라!(Exterminate!)”였다. 다른 SF 사이보그들처럼 달렉도 빠르게 영국 대중 문화의 시금석이 되었다. BBC가 치른 「닥터 후」 50주년 기념식에도 등장할 정도였다. 「닥터 후」는 미국의 10대를 포함한 많은 대중에게 인기를 누렸다.

대중 문화에 나타나는 로봇 묘사는 아시모프 이후로 변화가 일어나기 시작했다. 고르트나 로비가 정형화한, 기계 부품들의 조립으로 만들어진 비인간과는 대조적으로 후에 등장하는 로봇은 다양한 감정을 표현할 수도 있었고, 인간들과 뉘앙스와 모호성을 가지고 상호 작용을 하며, 자신의 본성이 지닌 복잡함과 씨름할 수도 있었다. 명백한 악행을 저지르는 악당들과 단순한 노예들도 꾸준히 있어 왔지만, 다양한 특성을 지닌 로봇을 주제로 한 영화의 상업적인 성공은 (대체로 허구적인) 새로운 기술과 잠재적으로 새로운 생명 형태 출현의 가능성(이는 대체로 허구적이었다.)이 대중 문화에서 인지도가 높아졌음을 의미한다.

1970년 이후로도 지구 밖 외계인에 관한 영화는 계속 만들어졌으나, 지구 내에서 자리를 잡은 사이보그들을 다룬 영화가 더 많이 만들어졌다. 예를 들어 1987년, 영화 「로보캅(Robocop)」에서는 살해된 디트로이트 시의 경찰관에게 전기-기계적 부품들을 통해서 생명을 되돌려 주고 초인적인 힘을 준다. 장르적 특성을 고려할 때, 이 로봇 기술이 탄생시킨 창조물의 힘이 인간의 법과 부패의 고리와 긴장을 유발하는 것은 놀랄 만한 일이 아니다. 때로는 악당이자 거의 무적인 휴머노이드 로봇의 위협이 다른 서사를 반향하기도 한다. 「로보캅」은 로봇 영화의 이정표인 제임스 캐머런(James Cameron) 감독의 「터미네이터(The Terminator)」와 마찬가지로 독창성과는 거리가 멀었던 것이다. 영화 「터미네이터」는 약 650만 달러의 제작비가 투입되어 7800만 달러(이는 2015년 기준으로 약 2억 2500만 달러에 달한다.)를 벌어들였다. 아널드 슈워제네거(Arnold Schwarzenegger)가 이 영화에서 생체 공학적 내골격과 인간의 피부를 지닌 무자비한 사이보그를 연기했다. 인류의 운명은 풍전등화의 위기에 처하게 되는데, 이는 미래 인류의 반란군을 이끌게 된, 아직 태어나지 않은 아기 — 아기의 이름인 존 코너(John Connor)의 머리글자가 그 역할을 명백하게 보여 준다. (아기 이름의 머리글자인 J. C.는 서구 문화에서 예수 그리스도(Jesus Christ)를 가리킨다. 이는 인류의 구원자라는 존 코너의 역할을 나타낸다. — 옮긴이) — 를 죽이기 위해 몰래 접근하는 슈워제네거를 통해 표현된다. 슈워제네거가 분한 이 사이보그는 사악한 스카이넷의 명령을 받아 미래에서 시간 여행을 해 현재로 보내진 것이다.

「블레이드 러너」에서 리들리 스콧(Ridley Scott) 감독은 필립 딕(Phillip K. Dick)의 소설 『안드로이드는 전기 양을 꿈꾸는가?(*Do Androids Dream of Electric Sheep?*)』에 기반을 두고 미래의 디스토피아적 전망을 창조하기 위해 또 다른 우주여행 장치를 사용했다.[17] 사이보그들은 사악한 기업에 의해 지구에서 만들어진 후에 우주 식민지에서의 임무를 위해 우주로 보내진다. 그중 일부가 법을 어기면서 지구로 돌아오게 되는데, 이들은 처단의 대상이 된다. 복제 인간으로 알려진 이 안드로이드들은 로봇의 또 다른 비전을 나타내는데, 이는 로봇이 지루하고 위험하며 더러운 일을 할 뿐만 아니라 자신의 위치를 초월해 인간의 권위에 도전하려는 욕망도 가질 수 있다는 것이다. 대릴 해나(Daryl Hannah)가 연기한 캐릭터는 남성들의 약함을 먹잇감으로 이용하는 매력적인 여성 안드로이드, 「메트로폴리스」의 마리아로 체화된 그 수사(修辭)를 계속해서 사용한다.

재미있는 것은 수없이 많은 여론 조사에서 역사상 가장 위대한 우주 영화로 꼽힌 작품에는 로봇이 등장하지 않는다는 점이다. 'SF의 3대 거장' 중 하나인 아서 클라크는 스탠리 큐브릭과의 협업을 통해서 「2001 스페이스 오디세이」를 제작하는데, 이들은 이 영화에서 로봇을 새로운 각도로 묘사했다. 이 영화에 등장하는 로봇인 HAL 9000는 인간의 형태와 닮은 어떤 것으로 가정되기보다는, 목성을 향해 날아가는 우주선을 이끄는 컴퓨터로서 인간과 같은 목소리를 내고 인간의 감정을 표현하기도 하며, 주변 환경을 지각할 수도 있고(자신의 행동에 우려를 표현하는 우주 비행사들의 입 모양을 읽는 것을 포함한다.) 당연히 우주선의 시스템과 장치를 운용할 수도 있다. 이 영화에서 HAL 9000는 한 사람을 제외하고 모든 비행사를 살해한다. 그 후 살아남은 비행사는 HAL 9000의 전원 공급 장치를 끊는데, 이 장면이 영화에서 아주 중요하게 다루어진다. HAL 9000는 살아남은 비행사를 막지 못하고, 자신의 계산 기능이 약화되어 가는 것에 후회의 감정을 표현한다. 클라크와 큐브릭은 이 로봇을 정서를 느낄 수 있으며 매우 지적이고, 강력하지만(물론 전능하지는 않지만) 결국 신뢰할 수 없는 존재로 묘사한다.

이 영화는 엄청난 상업적 성공을 거두었고 그 후 50여 년간 강력한 문화적 기념비로 남아 있다. 아마도 이 영화의 결정적인 특징일 모호성은 관객들에게 그들의 두려움과 열망, 인공 지능과의 연합 같은 것들을 HAL 9000를 통해서 재창조하게 했다. 예를 들어 HAL 9000가 얼굴 없이, 단지 더글러스 레인(Douglas Rain)의 훌륭한 목소리를 통해서만 지각될 수 있다는 점도 이 영화가 세월이 흘러도 변하지 않는 고급스러움을 유지하는 데 기여한다. 이 영화 이후로 나온 모든 진지한 로봇 영화와 그리 진지하지 못한 작품들까지도 자의적으로 자신들을 이 기념비적 작품과 연결시키려 한다.

「2001 스페이스 오디세이」 속 HAL 9000의 반대쪽 극단에는 위협적이지도 않고 우월한 지능을 가지지도 않은 수많은 로봇 캐릭터들이 존재한다. 애니메이션 「젯슨 가족(The Jetsons)」(1962년부터 1963년까지는 황금 시간대에 방영되었고, 그 후에는 1987년까지 다른 시간대에 방영되었다.)에 나오는 하녀 로봇 로지부터 2008년 디즈니/픽사의 영화 속 주인공이자 그 이름이 곧 영화 제목이었던 월E까지, 로봇은 종종 제작자와 감독을 위한 유용한 도구로 증명되었다. 그들은 로봇을 통해 작품에 우스꽝스러운 부조화를 주입하거나 더 심각한 주제를 적당한 거리를 두고 언급할 수 있었던 것이다. 로봇들의 목소리와 몸짓으로 인간의 특성을 풍자할 수 있었으나, 많은 로봇들이 인간의 특성을 열망한 것을 보면 인간성 자체는 더 우월한 상태로 묘사되었다. 동시에 로봇은 정체성의 일부로서 하찮은 일을 하는 존재로 자주 묘사되는데, 이는 암묵적으로 인간을 힘들고 단조로운 일에서 해방시키려는 것이다.

미국에서 1965년과 1968년 사이에 방영한 텔레비전 시리즈 「우주 가족 로빈슨(Lost in Space)」에 등장한 충직한 '환경 통제' 로봇인 B9은 '우주 가족' 로빈슨의 아들인 윌에게 곧 닥칠 위험을 경고하는 말로 유명해졌다. 심지어 오늘날에도 "윌 로빈슨, 위험해!(Danger, Will Robinson!)"는 원래의 문맥은 사라진 채 사람들에게 여전히 사용되는 문장이다. 그러나 지금까지 충직한 하인으로서의 로봇은 바로 「스타 워즈」 시리즈의 R2D2와 C-3PO를 통해서 절정에 다다랐는데, 이들은 로봇계의 로렐과 하디 듀오(Laurel-and-Hardy duo, 전 시대를 통틀어 미국에서 가장 사랑받는 코미디 듀오를 말한다.—옮긴이)라 할 수 있다. 조지 루카스의 작품들이 드리운 그림자가 너무 길어서 많은 다른 영화들은 많은 사랑을 받았던 이 금속 우상의 쌍과 대조되는 로봇 캐릭터를 만들어 내야만 했다.

이 콤비에서 키가 더 작았던 R2D2는 그의 매력 일부를 영화 배우 케니 베이커(Kenny Baker)를 통해서 드러냈다. 그는 영화 내내 R2D2의 몸속에 들어가서 움직임을 통제했다. (사람이 들어 있지 않던 판은 어떤 장면에서는 무선 통신으로 통제되기도 했다.) R2D2는 기계어로 이야기했고, 기계어를 그의 동료 C-3PO가 통역했다. 가끔 희극적인 역학 관계도 있었는데, 이는 특히 동료 C-3PO에 대한 유머를 구사할 때 나타났다. 이 두 캐릭터에서는 로봇의 반동 가능성은 생각할 수 없었다. 미래의 우주 시대라는 배경이 지닌 확실한 특성 때문에 인간의 자만심이 작용할 징후가 없었기 때문일 수도 있으며, 그 로봇들의 근원이 비현실적이었기 때문일 수도 있다.

C-3PO는 영국 배우 앤서니 대니얼스(Anthony Daniels)의 명석한 집사 같은 목소리가 캐릭터의 엄청난 매력을 만드는 데 기여했다. 영화 속 로봇이 흔히 지니는 초인적 특성이 C-3PO의 경우에는 기계적이기보다는 인간적이다. 실제로 600만 종류의 언어를 통역할 수 있었지만, 반란군의 전투에서 그는 겁쟁이였다. 물리적 형태는 「메트로폴리스」 속 마리아의 금속 껍데기와 매우 닮아 있지만, 로봇들 사이의 역학 관계는 어울리지 않는 부부나 버디 무비의 관계만큼이나 친숙하다.

로봇을 너무 모르고

지금까지의 논의를 종합해 볼 때 서구 대중 문화는 로봇을 어떻게 만들었는가?

첫째, 로봇의 문화적 표상을 발전시켜 왔던 영화 감독 중에는 영화 산업을 이끄는 인물들이 포함되어 있다. 「슬리퍼(Sleeper)」의 우디 앨런(Woody Allen), 「터미네이터」의 제임스 캐머런, 「바이센테니얼 맨(Bicentennial Man)」의 크리스 콜럼버스(Chris Columbus), 스탠리 큐브릭, 조지 루카스, 리들리 스콧, 「A.I.」의 스티븐 스필버그(Steven Spielberg)가 그들이다. 이들은 영화를 통해서 수백억 달러를 벌어들였다. 이들이 중요 캐릭터로 로봇을 사용한다는 사실은 로봇 기술 혹은 로봇 원형의 문화적 매력이 엄청나다는 것을 암시한다.

둘째, 영화나 소설 속에 등장하는 로봇 캐릭터들을 어떻게 일반화한다 해도, 이들은 보스턴 다이내믹스의 아틀라스 같은 하드웨어 로봇이든, 월스트리트의 고빈도 주식 거래 시스템 같은 소프트웨어 로봇이든 간에 실제 세계의 로봇과 공유하는 특성이 거의 없다. 실제 로봇은 고통을 느낄 수 없고 고통을 가하는 순간을 이해할 수도 없다. 인간과 다른 포유동물을 구별할 수 없고, 심지어 인간과 움직이는 어떤 물체를 구별할 수도 없다. 포부를 갖게 만들 기제도 없다. 아무리 로봇이 자율적이라 해도 배터리의 동력이나 소프트웨어의 업데이트까지 모든 것에 인간의 손길이 필요하다. 로봇은 미리 정해진 선택지 이외의 어떤 것도 선택할 수 없다. 로봇은 인지적인 차원에서 자의식이 없기 때문에,

그들 자신이 '의식적으로' 그들의 창조주인 인간을 전복시킬 수 없다.

셋째, 실제 로봇에는 문손잡이를 열거나 평평하지 않은 지형을 가로지르거나 아이 수준의 논리를 수행하는 등의 작업이 난관인 데 반해 SF 소설이나 영화에 등장하는 로봇에는 이 작업이 단지 최소한의 능력일 뿐이다. 그래서 사람들이 셔츠를 접는 로봇이나 맥주의 병뚜껑을 따는 로봇 같은, 로봇 공학 분야에서 어려운 과제를 성취한 로봇을 볼 때 별것 아닌 양 느끼는 것이다. SF 소설이나 영화 속 로봇이 실제 로봇 과학의 로봇과 거의 닮아 있지 않을 때 많은 관찰자들은 아시모프의 로봇 공학 3원칙을 강조하게 된다. 인지 과학자인 핑커는 이런 상황을 진지하게 다음과 같이 표현한다. "햄릿이 '인간이란 얼마나 대단한 작품인가! 이성이란 얼마나 고귀한가! 그 능력의 무한함은 어떠한가! 형태와 움직임은 얼마나 빠르고 감탄할 만한가!'라고 말할 때, 우리는 이런 경외심을 셰익스피어나 모차르트, 아인슈타인이나 카림 압둘자바(Kareem Abdul-Jabbar)에게서가 아니라 장난감을 선반 위에 올려달라는 요구를 수행해 내는 네 살배기 어린아이에게서 느껴야만 한다."[18] 인공 지능이 이런 수준에 근접하기 위해서는 아직 가야 할 길이 멀다.

넷째, 로봇, 안드로이드, 사이보그 사이의 구별은 일반 대중에게는 중요하지 않다. 예를 들어 외계인도 이러한 이야기들에서는 동등하게 그럴듯한 요소이다.

다섯째, 지금까지의 논의를 통해 본다면, 대중 문화에 광범위하게 나타나 있는 로봇의 이미지는 인류가 지금 첨단 기술의 실제적인 쟁점들에 직면하는 데 거의 도움이 되지 않는다. 한 가지 실제적인 예를 들어, 위협으로서의 로봇과 연민으로서의 로봇, 자의식을 가진 로봇, 하인/집사로서의 로봇처럼 고정 관념으로 심히 조건화된 로봇에 대한 인식 때문에 신경 보철학에 대한 심도 있는 논의가 늦어지고 있다.

요약하자면, 차페크가 체코 어로 처음 제시한 로봇의 개념은 기술의 노예로서 인류에 대한 은유를 형상화하고 있다. 이것은 곧 프랑켄슈타인 박사의 창조물이 그랬던 것처럼 인공 창조물이 인간 창조자에게 반란을 일으킬 위험까지도 포함한다. 20여 년 후에 아이작 아시모프는 인간의 특성을 구체화한 문학 작품 속 로봇의 개념을 창조했고, 바로 이러한 로봇 심리학은 로봇의 작동에 통찰력을 제공하는 지점까지 이르렀다. 인공 지능 개념은, 얼마나 형상화를 했든 그렇지 않았든, 결국은 인간의 사고와 감정을 넘어서는 초인간적 논리와 융합하게 된다. HAL 9000과 IBM의 왓슨 사이에는 많은 차이점이 있지만, 문화적인 측면에서 놀랄 만한 특징으로 유사하게 기능한다. 즉 그들의 초인적인 능력은 명백하게 인간의 능력과 설계를 무력화시킨다. 이 두 경우 각각에서 문화적 도상학의 힘은 우리가 다음과 같은 구체적이고 생생한 쟁점들에 집중하지 못하게 한다. 스티븐 호킹 이외에 또 누가 로봇에 의한 증강 기술을 가져야 하는가? 노동 조합은 인간 노동자를 대체하는 로봇에 투자해야 하는가? 누가 특정 로봇에 대한 안전 장치를 설치하고 해제할 수 있는가? 그밖에도 존재하는 여러 쟁점들 말이다.

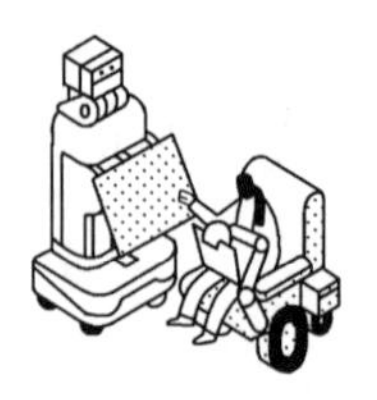

차페크가 체코 어로 처음 제시한 로봇의 개념은
기술의 노예로서 인류에 대한 은유를 형상화하고 있다.
이것은 곧 프랑켄슈타인 박사의 창조물이 그랬던
것처럼 인공 창조물이 인간 창조자에게 반란을
일으킬 위험까지도 포함한다.

아톰에서 철인 28호까지

앞에서 언급한 모든 문화적 유산은 명백히 서구의 것이었다. 『프랑켄슈타인』부터 「스타 워즈」나 「터미네이터」까지, 랭던 위너가 주창했듯이 '통제를 벗어난 기술'이라는 주제는 항상 존재한다. 즉 창조된 생명은 종종, 아시모프가 말했듯이 "위협으로서의 로봇"임이 드러난다. 그러나 일본을 빼놓고 현재 로봇 과학의 현주소와 표상을 평가하는 것은 불가능하다.

특유의 일본 만화 형식인 망가(マンガ)는 19세기부터 등장했지만, 거슬러 올라가면 13세기의 두루마리에서 그 기원을 찾을 수 있다. 일본이 제2차 세계 대전의 패배와 미국의 점령을 겪으며 받은 외국 문화의 영향을 고려해 자신들의 신화를 재주조하면서, 망가는 영웅주의와 미덕, 용맹함을 드러내는 수단으로 사용되었다. 만화가 데즈카 오사무(手塚治虫)는 일본적 상상력의 집약체인 '철완 아톰(鉄腕アトム, 우리나라에서는 「우주 소년 아톰」이라는 제목으로 방영되었다. — 옮긴이)'이라는 캐릭터를 창조해 냈다. 서양의 대중에게는 이 캐릭터가 '아스트로 보이(Astro Boy)'로 더 잘 알려져 있다. 아마도 일본 히로시마와 나가사키의 원자폭탄 투하 이후 미국의 대중에게 원자(atom)라는 단어가 함축하는 의미가 문제시되어서 이름을 바꿨을 수도 있다. 철완 아톰은 일본 문화의 필수적인 부분이 되었다. 아톰은 실제로 일본의 시민권을 가지고 있다. 또한 데즈카의 전기 작가에 따르면 데즈카는 일본에서 서양의 월트 디즈니(Walt Disney)와 비견될 수 있는 '망가의 신'으로 간주되고 있으

며, 이에 더해 아서 클라크, 스탠 리(Stan Lee), 팀 버튼(Tim Burton), 칼 세이건(Carl Sagan)의 요소가 모두 혼합되어 있을 정도이다.[19]

데즈카는 아주 매력적인 인물이다. 1928년에 태어나서 10대 시절 곤충 도록을 그리면서 그의 엄청난 예술적 재능을 발달시켜 나갔다. 후에 의과 대학을 졸업했지만 의사가 되지는 않았다. (실제 그의 연구실 노트 속 그림들은 매우 정교했다.) 철완 아톰으로 시작된 그의 다양한 캐릭터들은 할리우드 영화 스튜디오의 방식을 모방한 '스타 체계'로 조직화되었다. 그 스타들은 수많은 추종자를 만들어 냈다. 데즈카는 그 후 자신의 제작사를 세워서 결국 일본의 첫 번째 텔레비전 애니메이션을 제작했다. 그가 만든 작품 중 가장 어마어마한 이야기인 「불새(火の鳥)」를 포함해 서로 다른 캐릭터와 작품 들은 일본 만화 산업이 일본과 세계 시장에서 수십억 달러 규모로 성장하는 데 큰 공을 세웠다. 데즈카의 작품은 아주 숙련된 솜씨로 그려져 있고 혁신적이며 강렬하기까지 해서, 스탠리 큐브릭은 그에게 「2001 스페이스 오디세이」의 예술 감독을 맡아 달라고 요청하기까지 했다. 그러나 데즈카는 제작사를 운영하면서 1년 동안 영국으로 자신의 팀을 움직일 수 없어서 이 제안을 받아들이지 못했다. 1989년 그는 위암으로 유명을 달리했는데, 생 마지막 날까지도 그림을 그리고 있었다.

철완 아톰은 원래 1951년 조연으로 처음 등장했다가 이듬해 주연이 되었다. 1970년대까지 정기적으로 출연하다가, 국민적 아이콘이 된 후로는 이따금씩 등장했다. 그의 가상 출생일은 2003년 4월 7일인데, 이 날은 전국적으로 축하 행사가 열린다. 4년 전에는 일본 기업 토요타(Toyota)의 하이브리드 자동차인 프리우스(Prius)의 홍보에 아톰이 사용되기도 했다. 여러 보강 채널을 통해 아톰의 형상은 일본 문화에서 아주 친숙한 이미지가 되었다.

철완 아톰의 삶은 비극에서 시작된다. 일본 과학부 장관인 덴마 박사가 날아다니는 자동차와 큰 트럭 사이의 충돌로 그의 아들 도비오를 잃게 되자, 그는 전문가들을 불러 모아 도비오와 비슷하게 생긴 로봇 아톰을 만들게 된다. 그런데 아톰이 어른이 될 수 없으며 자연의 아름다움을 사랑할 수 없다는 것을 발견한 덴마 박사는 아톰을 서커스단으로 보낸다. 덴마 박사의 후임 과학부 장관인 오차노미즈 박사가 아톰을 발견하는데, 아톰이 감정을 느낄 수 있다는 것을 알고 그를 양자로 삼아 키운다. 오차노미즈 박사는 아톰에게 선한 일을 위해서, 특히 범죄와 싸우는 일에 힘을 써 줄 것을 당부한다. 실제로 한 방송분에서는 미국의 폭격기가 베트남의 한 마을을 폭격할 계획을 세우는데, 이에 맞서 아톰이 그 마을을 대표해서 중재하는 모습도 보여 준다. 따라서 전체적인 이야기는 인간에게 받아들여지고, 인간과 우애를 만들기 원하는 로봇의 필요에 뿌리를 두고 있다. 로봇의 권리는 망가에서 일반적인 주제이다.

철완 아톰은 터미네이터 정도는 아니어도 엄청난 힘을 가지고 있다. 아톰의 키는 137센티미터이고 몸무게는 약 30킬로그램에 지나지 않는데, 10만 마력의 출력을 가진 원자력 엔진을 등에 장착하고 손과 발에는 몸통 속으로 집어넣을 수 있는 제트 엔진을 가지고 있다. 많은 이야기들에서 철완 아톰이 가진 것으로 밝혀진 능력은 다음과 같다.

- 제트 엔진을 동력으로 하는 비행 능력
- 다언어 구사 능력(60종류의 언어)
- 분석 기술
- 탐조등을 가진 시각 능력
- 초감각적인 청각 능력
- 엉덩이에 숨겨진 무기
- 선인과 악인을 구분하는 능력[20]

철완 아톰의 아주 작은 키와, 앞에서 나열한 특성의 조합은 무수한 이야깃거리를 만들어 낼 가능성을 창출한다. 아톰은 어려운 상황을 해결하면서 땀을 흘릴 수는 있지만, 눈물을 흘리기 위해서는 반드시 양아버지가 그를 개조해 주어야 한다. 그의 힘은 무한하지 않다. 연료가 다 소모될 수 있고, 인간의 음식을 먹으면 기계로 가득 찬 아톰의 가슴 구멍으로 음식이 들어가게 되어서 반드시 음식을 제거해야 한다. 아톰의 적은 나쁜 사람들, 로봇을 싫어하는 사람들, 사악한 로봇들, 외계에서 온 침입자들이었다. 시간 여행 역시 자주 등장하는 소재였다.

아시모프보다 10여 년 더 일찍 데즈카는 철완 아톰이 모험을 하면서 지켜야 할 로봇 행동 강령을 만들었는데 이는 다음과 같다.

1. 로봇은 인류에게 봉사하기 위해 창조되었다.
2. 로봇은 인간을 다치게 하거나 죽여서는 절대 안 된다.
3. 로봇은 그들을 창조해 낸 인간을 아버지라 불러야 한다.

4. 로봇은 돈을 제외하고는 무엇이든 만들 수 있다.

5. 로봇은 허락 없이 외국으로 가지 못한다.

6. 남성 로봇과 여성 로봇은 결코 역할을 바꿀 수 없다.

7. 로봇은 결코 겉모습을 바꿀 수 없고 허락 없이 다른 정체성을 가진 체해서는 안 된다.

8. 어른 로봇으로 만들어진 경우에는 절대 아이처럼 행동할 수 없다.

9. 로봇은 인간이 분해한 다른 로봇을 절대로 재조립할 수 없다.

10. 로봇은 인간의 집이나 도구에 절대 손상을 줄 수 없다.[21]

이중 몇 가지는 언급할 가치가 있다. 데즈카의 규칙 1, 2와 아시모프 로봇 공학 3원칙의 유사성을 주목하면서 동시에 데즈카의 규칙에는 아시모프의 세 번째 원칙인 "로봇은 자신을 보호해야만 한다."라는 법칙에 상응하는 항목이 없다는 것도 주목하기 바란다. 로봇의 속임수는 세 번에 걸쳐서 명백하게 금지되고 있다.

아톰의 영원한 미성숙함, 인간을 뛰어넘는 힘, 도덕적 잣대, 인간에게 사랑받고 싶은 욕구 사이에 나타나는 긴장 관계는 아톰의 정체성을 만드는 데 영향을 준다. 그것은 대체적으로 로봇을 향한 일본인들의 태도를 형성하기도 하고 반영하기도 했다. 예를 들어 소니의 아이보는 아톰과 같은 감성을 분명하게 반영한다. 많은 일본의 시나리오에서 나타나는 호소력 있고, 꼭 안아 주고 싶은 로봇(유일한 바다표범 모양의 로봇인 파로(Paro) 등)들은 냉혹한 공리주의나 잠재적으로 사악해질 수 있는 대변동을 드러내지 않는다.

철완 아톰과 1956년 처음 등장한 철인 28호 같은 현대 일본 만화의 캐릭터를 비교하게 되면 대조되는 점을 쉽게 관찰할 수 있다. 무게가 25톤이나 되고 키가 20미터나 되는 철인 28호는 전시에 비밀 병기로 개발되었지만, 후에는 평화로운 시기에도 사용되었다. 철인 28호는 아톰과는 달리 자율성이 없고, 영리한 소년이 원격으로 조종한다. 하지만 조종 장치를 도난당할 경우 나쁜 목적으로 사용될 수도 있다. 소년은 아톰처럼 악에 대항해서 싸웠지만, 철인 28호의 도덕적 중립성은 일본 문화 안에서 더 큰 변증법의 범위를 결정하도록 도왔다. 아시모프의 원칙에서 드러난 것과 비슷하게 일본 문화 또한 로봇이 인류를 다치게 하기보다는 돕는 존재라고 보려는 욕구가 있는데, 인간이 스스로에게 요구하는 것보다 더 높은 도덕적 기준을 로봇에 체화시킴으로써 나타난다. 철인 28호가 철완 아톰의 인기를 무색하게 한 것을 감안할 때, 철인 28호의 존재는 아시모프가 '성인(聖人)으로서의 로봇(robot-as-saint)'이라고 불렀을 법한 사상의 계보에 대한 아주 강하고 유용한 평형추 역할을 한다.

현대의 신화

로봇은 기술적인 도구이다. 아직까지 이토록 풍부한 신화를 가지며 지지를 받은 도구는 거의 없다. 더 중요한 것은, 바로 그 신화들이 대체적으로 자율적인 로봇 대부분의 발전을 가져온 획기적인 성취보다 먼저 나타났다는 것이다. 신화의 역사는 성경까지 거슬러 올라갈 정도로 길고, 서사를 발전시키고 구체화하는 최신 스토리텔링 기법을 반영하며 초현실성을 보여 준다. 이러한 신화의 한 측면이 특히 미국적인 로봇의 성질로 표현된다면, 어떤 문화에도 귀속되지 않는 독립적인 측면 역시 존재한다.

한편 로봇은 또한 역설적이다. 노예나 종으로서 봉사하지만, 잠재적인 군주로서 두려움의 대상이 되기도 한다. 로봇은 인간이 성취할 수 없는 많은 완벽함의 투사물을 흡수하지만, 인간의 기본적인 책략을 수행하는 데 어려움을 겪기도 한다. 로봇은 인간이 앞으로 먹고사는 문제를 위해 해야 할 것들을 질문하게 함과 동시에 여가 생활에서 얼마나 큰 발전이 있을지에 대한 조망 역시 제공한다.

지금쯤이면 동서양 모두의 문화적 대화에 로봇이 빠질 수 없고, 과거의 기술과는 상당히 다른 방식으로 나타난다는 것을 잘 볼 수 있어야 한다. 예를 들어 라디오, 에어컨, 자동차, 심지어 스마트폰까지도 창조자를 무색하게 하려는 욕망이 있는 창조물로 묘사된 적이 결코 없다. 로봇이 무엇이고 그들이 무엇을 할 수 있으며, 어떻게 이해될 수 있는지에 대한 우리의 논의에서 의인화는 서양 국가의 기술사 안에서 중요한 출발점으로 표시된다. 그런데 이 모든 논의에도 불구하고, 로봇공학의 실제 상태는 어떠한가?

4강
감각, 사고, 행동

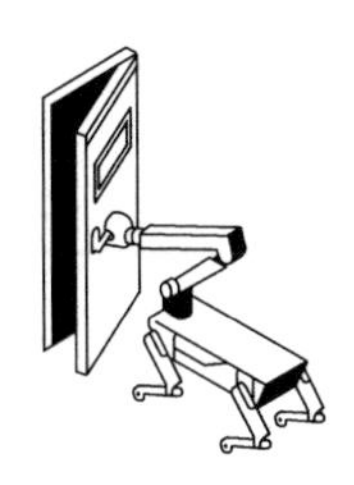

로봇 공학을 이용한 장치들은 조용히 현대 인류의 삶에 스며들고 있다. 거의 모든 영역에서 이 광범위하면서도 다양한 로봇 기술이 정확성을 증가시키고, 인간을 위험과 단순 노동에서 해방시키며, 인간의 피로와 제한된 감각적 능력이라는 한계를 극복하게 하고, 인간 존재를 확장시킬 수 있다. 로봇은 또한 업무와 인간 관계를 비인간화시킬 수 있고, 경제적 붕괴를 가속화할 수도 있으며, 인간에게 또 다른 부정적 결과를 야기할 수도 있다. 폭넓은 활동과 상황의 다양성, 진보의 속도는 모두 인간이 로봇을 사용하는 방식에서 벌어질 주요한 변화에 기여한다.

인공 지능

만약 로봇을 정의하기 위해 감각-사고-행동 모형을 사용한다면, '사고' 요소에는 우리가 특별한 관심을 보일 가치가 있다. 가장 기본적인 수준에서, 인공 지능은 비인간적 요소와 장치를 가지고 인간의 추론 능력을 일정 수준만큼 재현하려는 노력을 의미한다. 이에 대한 열망은 아주 이른 고대부터 시작되었지만, 현재의 모양새를 갖춘 것은 1956년 미국 다트머스 대학교의 초기 컴퓨터 과학자들이 조직한 학회를 기준으로 삼는다. 이 학회는 인간 두뇌의 기능을 모사할 수 있는 전자적 기능을 만드는 것이 목적이었다. 존 매카시(John McCarthy, 스탠퍼드 대학교 인공지능 연구소의 소장을 역임했다.)가 그해에 인공 지능이라는 용어를 처음으로 만들었고, 마빈 민스키(Marvin Minsky)는 1957년 MIT에 인공 지능 연구소를 설립했다.

1960년대와 1970년대는 로봇 공학 연구가 어려움에 봉착한 시기였다. 정보를 처리하는 기계들은 너무 크고 속도가 느렸으며(당시 개인용 컴퓨터가 아직 개발되지 않았다.) 무선 네트워크는 속도가 느리고 이미 소유권이 있어 누구나 사용할 수 없었고, 시각 시스템도 역시 느리고 비싸며 해상도도 좋지 못했다. 로봇이 세상과 상호 작용하기 전에 세상을 '알기' 위해서 로봇의 환경에 대한 포괄적인 인지 지도(cognitive map)를 만들려는 엄청난 노력을 했지만, 늦은 처리 속도 때문에 이러한 접근으로는 제한된 결과만 얻을 뿐이었다.

이 시기에는 인공 지능 계산 분야에서도 유사한 노력이 진행되었다. 모든 것을 담은 포괄적인 개념 및 지식 표상을 가진 컴퓨터를 개발하려는 시도로서 사이크(Cyc, 인간과 같은 추론을 하는 인공 지능을 개발하려는 인공 지능 프로젝트. — 옮긴이)가 1984년에 설립되었다. '비는 물의 형태이다.'라는 지식과 '물이 피부에 닿으면 젖은 느낌이 든다.'라는 지식을 컴퓨터가 배우게 되면, 이 컴퓨터는 내가 "오면서 비를 맞았네요."라고 말할 때 내 몸이 젖었음에 틀림없다는 추론을 하게 될지도 모른다. 이 프로젝트가 시작되는 시점에서 프로젝트의 책임 연구원은 이러한 능력을 가진 엔진을 만드는 데 약 350명이 1년 동안 일하는 정도의 시간이 걸릴 것이라고 주장했지만, 30년이 지난 지금도 아직 완성되지 못한 채로 남아 있다.

이 분야에 엄청나게 재정 지원이 이루어지던 시기가 있었지만, 이후 지원이 급감했다. 1990년대 일부 학계에서는 돈이 넘쳐 났던 1980년대의 인공 지능 분야에 대한 농담을 하는 것이 일반적이었다. 재정 지원이 감소하면서 인공 지능 분야의 전문가들이 흩어졌다. 일부는 검색 분야로, 일부는 유전체학 분야로, 또 다른 일부는 생명 의학 분야로 옮겨 갔다. 구글이 등장하고 1997년에 체스 컴퓨터 딥 블루(Deep Blue)가 가리 카스파로프(Garri Kasparov)를 이긴 이후 인공 지능 분야는 예전의 명성을 되찾았으며 정부와 투자자로부터의 재정 지원도 다시 생겼다. 최근에 아주 높은 관심을 받고 있는 분야는 애플의 시리, 구글의 타이프어헤드, 다른 여러 검색 엔진들, IBM의 왓슨 컴퓨터로 유명세를 탄 자연 언어 처리 분야이다. 자연 언어 처리는 단지 목소리를 인식하는 정도를 넘어서 동음이의어를 구별할 수 있고(예를 들어 물고기 bass와 낮은 음을 가리키는 bass를 구별한다.) 문맥을 이해할 수 있으며("오른쪽에 있는 저 빌딩은 무엇입니까?") 농담이나 말실수 같은 언어 유희, '비논리적' 문장까지도 해석할 수 있다.

로봇 공학에서 인공 지능의 중요성은 명백하다. 인간-컴퓨터 상호 작용과 물리적 이동, 충돌 회피, 형상 인식 모두가 인간의 인지 기능을 어떤 수준에서 모사하거나 대체하는 장치에 의존하고 있다.

산업용 로봇

컴퓨터 과학자가 인간의 두뇌를 닮은 기계를 만들고 싶어 하는 열망이 있는 만큼, 또 다른 집단인 모험심 큰 사업가들은 인간의 근육과 뼈를 모방한 제품을 보고 싶어 한다. 이들의 협력 이야기는 대학의 연구소가 아닌 차고와 기계 공장에서 펼쳐졌다. 미국의 두 주요 인물은 바로 조지 데볼(George Devol)과 그의 동료인 조지프 엔젤버거였다. 데볼은 1954년 처음으로 로봇 공학 관련 특허를 출원했고(다트머스 대학교의 인공 지능 학회보다 더 먼저이다.) 이 특허는 1961년에 등록되었다. 데볼과 엔젤버거는 1950년대 중반에 유니메이션(Unimation)이라는 회사를 설립하고 첫 번째 산업용 로봇인 유니메이트(Unimate)를 생산했다. 유니메이트는 작업 공정 중 몇 미터 떨어진 작업대 사이에서의 이동 기능을 담당했다. 가와사키 중공업이 유니메이션에 기술 사용 허가를 받아 일본도 이 시장에 진입하게 되었다.

1960년대 로봇 공학 기술의 채택은 느리게 진행되었다. 외국 자동차 회사의 경쟁은 아직 심하지 않았고, 대기업들은 경쟁자보다 뒤처지게 될까 두려워했다. 1964년까지 유니메이션은 고작 로봇 30대를 팔아 회사의 현금 흐름이 문제가 되었다. 그러나 1967년과 1972년 사이에 유니메이션의 누적 매출액은 200만 달러에서 1400만 달러로 치솟게 되었다.

1960년대 중반, 대학원생이었던 빅터 샤인먼(Victor Scheinman)은 스탠퍼드 대학교와 MIT의 인공 지능 연구소를 위해서 이미 로봇 팔을 설계한 후에 자신의 아이디어를 상업화하기 위한 장학금을 유니메이션으로부터 받았다. 사람이 점유한 동일한 공간에서 비슷한 거리를 이동할 수 있는 새로운 로봇 기술을 구체화한 제너럴 모터스(General Motors)와의 협력을 통해, 유니메이션은 1970년대 중반에 조립 공정을 위한 프로그램 가능 일반 기계(Programmable Universal Machine for Assembly, PUMA)를 시장에 내놓았고, 산업용 로봇 분야의 전 세계 시장이 급성장했다. 스웨덴의 아세아 브라운 보베리(ASEA Brown Boveri Corporation, ABB), 제너럴 일렉트릭, 독일의 쿠카(KUKA) 같은 기업이 아주 중요한 역할을 했다. 제너럴 모터스는 일본의 화낙(FANUC)과 공동 벤처 기업을 만들었고, 웨스팅하우스는 1984년 1억 700만 달러에 유니메이션을 사들였으며 4년 후 프랑스 회사인 스토브리(Staubli)에 매각했다.

산업용 로봇은 기본적으로 프로그램 작동이 가능한 기계적 장치인데, 조립 라인에서 일련의 행동을 수행하는 데 일반적으로 사용되다. 국제 로봇 연맹(International Federation of Robotics)에 따르면 산업용 로봇은 전 세계적으로 약 100만 대 이상 설치되어 있으며 산업용 로봇 업계의 매출은 2014년 약 95억 달러에 달했다.[1] 자동차 제조 공장에 이 로봇이 처음 배치된 후 지난 10년간 로봇을 사용하는 전자 제품 제조 공장의 수도 빠르게 증가하고 있다. 애플의 제품과 유사한 상품들을 조립하는 대만 회사인 폭스콘(Foxconn, 아이폰 등 주문자 상표 부착 생산으로 유명한 대만의 전자 제품 생산 업체. ― 옮긴이)은 2012년 이후로 로봇 100만 대를 이 한 회사에만 설치할 계획이 있다고 선언했다.[2] 중국의 임금 수준은 비교적 낮은데도 미래의 예상은 3교대 로봇의 경제학을 더 선호할 것이다. 로봇은 늦잠을 자지도 않고, 기분이 나쁜 상태로 출근하지도 않으며, 휴식이나 냉난방을 요구하지도 않고(심지어 빛도 필요 없는 경우도 있다.) 의료 보험도 필요 없다. 또한 생산 공정 중 하나의 도구가 되었다고 느끼는 정체성의 혼란도 겪지 않는다. (로봇 작업자의 경제적 측면은 7강에서 다시 논의할 것이다.)

최근에 아마존은 생산 공정의 조립용 로봇이 아닌 물류 창고에서 완제품을 나르는 산업용 로봇에 관심을 보였다. 팔이나 집기 도구를 이용해서 개별 제품을 들어 올리거나 옮기는 대신에, 이 공급 망 로봇(supply chain robot)은 인간 작업자가 배치해 놓은 상품이 있는 선반 전체에 위치해 있으면서 상품이 저장된 공간과 수납 및 포장 공간 사이를 왔다 갔다 하며 상품을 전달한다. 로봇이 움직이는 선반 위에 상품을 가져다주면 인간 작업자는 적절한 상품을 골라서 포장 작업을 시작한다. 이 작업을 수행하는 로봇은 휴머노이드 같은 로봇이 절대 아니다. 그저 바닥에 붙어서 물류 창고 바닥의 정해진 길을 따라가는 산업용 진공청소기처럼 생겼을 뿐이다.

이 공급 망 로봇은 '자동 경로 차량'으로 알려진 물류 조작 장치의 긴 역사를 바탕으로 만들어진다. 이 수레 혹은 차량(평상형 트럭, 밀폐된 침대, 혹은 트레일러 예인 장치)은 바닥에 붙어 있는 자기 테이프를 따라가는 간단한 탐색 방법을 이용한다든지, 혹은 예를 들어 고정된 공간을 탐색할 수 있는 레이저나 무선 응답기, 자이로스코프, 다른 도구들을 이용하는 조금 더 복잡한 방법을 이용할 수 있다. 자동 경로 차량은 1953년에 처음 개발되었고 요즈음에도 널리 사용되고 있다.

로봇의 작동 원리

단순한 감각-사고-행동 모형은 로봇 공학이 다루는 복잡성과 도전 과제들에 대해 거의 아무것도 말해 주지 않는다.

구조

로봇을 제작할 때 센서와 처리 전원, 작동기를 선택하거나 장착하기 전에 반드시 로봇의 기본 몸체 또는 다른 구조가 먼저 있어야 한다. 이 분야의 문제들은 그리 단순하지가 않다. 예를 들어 무인 항공기는 긴 거리를 비행할 수 있어야만 하고 무기뿐만 아니라 고해상도 카메라와 레이더, 다른 감지 장치들을 위한 안정된 지지대를 제공해야만 한다. 이런 것들을 제작하는 다양한 시나리오에서 재료 과학은 아주 중요한 역할을 한다. 많은 인공 재료의 기본 물리학 원리를 생각해 보라. 2배 더 큰 로봇을 만들기 위해서는 질량이 4배 더 많이 필요하다. 휴머노이드 로봇인 윌로 개러지 PR2는 키가 1.5미터이고 몸무게가 약 180킬로그램이다. 이 정도의 무게는 다양한 문제들을 발생시킨다. 예를 들어 로봇의 이동성도 제한되고 무거운 부속 장치는 안전을 위해 조심스럽게 관리되어야 하며, 무거운 동체를 움직여야 하기 때문에 배터리 수명은 짧아진다. 이런 로봇이 더 널리 사용되려면 더 가벼워야 한다.

로봇이 인간과 상호 작용을 하는 상황에서는 로봇의 구조가 로봇을 마주하게 될 사람들에게 친근감을 줄 수 있어야 한다. 다시 말하면, 로봇이 (잡거나 탐지하거나 움직이는 등) 어떤 과제를 수행할 때 주변 사람들에게 자신이 어떻게 행동할지 신호를 주어야만 한다. 이 신호들은 로봇이 올바르게 작동하는 데 중요하다. 인류학, 기호학, 심리학 등 다양한 관점에서 이 신호들을 분석할 수 있다. 로봇의 구조는 제작 목적을 수행하는 데 필요한 기능을 촉진해야만 할 뿐만 아니라 (예를 들어 로봇이 비켜 주어야 할 때처럼) 인간과 로봇의 협력을 도울 수 있어야 한다. 어떤 학자들은 로봇을 독립적이고 심지어 자율적인 실체로 간주하지만, 다른 학자들은 로봇을 인간을 돕고 인간에게 도움도 받는 존재로 여긴다. 우리가 자동차의 회전 신호나 건물의 문손잡이에 새로운 로봇 공학적 장치를 구현할 때, 그 장치를 인간의 삶 속에 어떻게 위치시킬 것인지 고심해 선택한 설계는 그 결과가 오래 지속될 것이다.

로봇이 인간과 상호 작용을 하는 상황에서는
로봇의 구조가 로봇을 마주하게 될 사람들에게
친근감을 줄 수 있어야 한다.

로봇의 구조가 강하고 가벼우며 안정적이어야만 할 뿐만 아니라, 로봇의 다양한 요소와 전체 로봇 자체는 움직일 수 있어야 하며 이는 구조 설계의 중요성을 더한다. 어떤 이동 수단 양식도 다 강점과 약점이 상충한다. 다리 하나, 둘, 넷, 여섯, 바퀴, 타이어의 접지면 모두가 선택지가 될 수 있다. 바퀴는 극도로 효율적이지만 지형의 매끈한 정도에 제한을 받는다. 여러 다리를 가진 이동 수단은 로봇의 복잡성을 증가시키고 같은 거리를 이동할 때 바퀴나 타이어보다 더 많은 동력을 요구한다. 두 가지 이상을 융합한, 예를 들면 타이어 접지면과 다리를 합친 형태의 하이브리드 방법도 역시 시도되어 왔다.[3] 비행 수단으로는 다양한 유형의 프로펠러와 이를 응용한 제품들 이외에 생물학적으로 영감을 받은 날개도 실현될 가능성이 있다.

로봇의 구조에서 고려할 또 다른 점은 진동과 제동이다. 예를 들어 1.5미터만큼 올라가고 수평으로 0.6미터만큼 확장되는 로봇 수술 도구를 바닥에 고정하고 상처 부위까지 내려오게 하려면 대부분의 재료에서는 찾을 수 없는 가벼움과 강도 및 진동 저항이 요구된다. 모터는 로봇 구조의 무게에 비례해서 무거워지기 때문에 경량화가 중요하다. 즉 더 무거운 로봇 팔에는 더 큰 모터가 필요하고 이 둘은 장치 자체를 더 무겁게 만들며 결국 자율 로봇 대부분의 상시적 제약인 배터리 수명을 단축한다.

로봇 공학 응용 프로그램에 쓰일 목적으로 최적화된 구성 요소는 거의 없다. 로봇의 많은 부품들이 여전히 다른 응용 프로그램들에서 빌려 쓰고 있는 처지이다. 모터이든, 작동기이든, 기어이든, 어떤 규모의 미세 처리기이든, 센서이든, 인터페이스 장치이든, 혹은 동력 전력이든 로봇 공학은 다른 영역의 발전에서 상당히 많은 도움을 받고 있다. 아마도 요즈음 로봇 공학 기계를 생산할 때 요구되는 소형화와 높은 수준의 주문 제작화 때문이겠다. 중요한 구성 요소들은 종종 주문 제작되거나 다른 용도로 만들어진 것을 빌려 오기 때문에 로봇 공학의 노력은 경제적으로 지속 가능하지 않았다. 스마트폰이나 비디오 게임 플랫폼의 엄청난 성공이 증명한 것과는 대조적으로 로봇 공학의 사업 모형은 제대로 되기가 힘들다. 예를 들어 마이크로소프트가 손해를 보더라도 센서 바 키넥트(Kinect)를 파는 것은 이 센서 바가 더 넓은 경제 생태계에 들어가 있기 때문이다. 그러나 이 센서 바는 로봇 공학 기업이나 연구자들이 잘 사용할 수 있는 저비용 고효율의 구성 요소로 제공된다. 닌텐도 위(Nintendo Wii)의 햅틱, 즉 촉각으로 구동되는 인터페이스 역시 로봇 공학 응용 프로그램에 이상적인 대형 시장, 저비용 도구의 또 다른 예를 보여 준다. 게임 플랫폼의 대량 구매 없이는 이렇게 저렴해지지 못했을 것이다.

공학과 경제학, 시장의 상충 관계를 탐색하기란 어렵다. 로봇 공학 장치는 여러 가지를 하도록 제작될 수 있다. 그러나 특정 상황에서 무엇을 설계하고 어떤 것을 접합하거나 버릴 것인지를 제대로 결정하기는 참 어렵다. 더 많은 자유도를 줌으로써 향상된 성능은 곧 시장에서의 위험을 의미한다. 군사용 드론 비행체의 역사는 이와 연관된 예를 하나 보여 준다. 1979년 미국 육군은 아퀼라(Aquila) 프로그램을 시작해 적군 병력 규모와 위치에 대한 이미지를 무선으로 보낼 수 있는 경량 정찰 무인 항공기를 제작했다. 야간 시야, 레이저 목표물 표지, 적군의 지대공 화기에 대한 방호용 철갑판, 보안 무선 통신 등 부가적인 요구 사항이 급속도로 늘어나기 시작했다. 드론의 무게가 크게 늘어나고 시스템의 복잡도가 증가하면서 물론 제작비도 통제할 수 없는 지경에 이르렀다. 5억 6000만 달러로 드론 780대를 제작하기로 시작한 프로젝트는 결국 거의 10년 뒤에도 잘 작동하지 않는 시제품을 만드는 데 10억 달러 넘는 돈을 쏟아 붓게 되었다.[4] 이와는 대조적으로 아이로봇(iRobot)의 룸바(Roomba)라는 로봇 진공청소기는 시장 지향적인 계획 아래 그 범위와 성능을 훌륭하게 제어한다.

한 가지 더 언급할 가치가 있는, 로봇 공학과 관련되어 있는 또 다른 신기술인 첨삭 가공 혹은 3차원 프린팅은 낮은 공명, 낮은 무게, 높은 강도를 결합해 인간의 뼈와 같은 특성을 가진 벌집 구조를 만들 수 있다. 이후에 보게 되겠지만, 로봇 공학과 관련된 학제간 분야에서 한 가지 변하지 않는 사실은 소프트웨어 공학이든 신소재 과학이든 배터리 화학이든, 아니면 영상 처리 분야이든 간에, 로봇 공학에 기여하는 하위 분야의 발전이라는 낙수 효과(cascading effect)가 있다는 것이다.

센서

가장 기본적인 수준에서, 로봇은 자신과 몸체에 붙어 있는 부품들이 물리적 공간에서 어디에 위치해 있는지 인식할 필요가 있다. 카메라가 이것을 가능케 하는 한 가지 방법이지만, 제한점이 존재한다. 첫째, 카메라는 성능이 떨어지는 열악한 조명 상황에 처할 수 있다. 이른 아침과 늦은 오후의 일광은 눈부심을 일으킬 수 있다. 깊은 어둠 역시 또 다른 명백한 제약이다. 설원은 빛을 반사할 수 있고, 빗방울은 카메라의 렌즈를 쓸모없게 만들 수도 있다. 실제로는 멀쩡한 도로 표면이 움푹 꺼진 듯 보이게 하는 눈속임용 그림도 카메라를 속일 수 있다. 이미지의 신호 변환은 마이크로프로세서와 다양한 알고리듬에 어려움이 될 수도 있다. 즉 카메라가 어떤 영상을 찍어서 유용한 정보를 얻어내기란 경찰과 대금 미납 차량 회수원이 사용하는 자동차 번호판 카메라같이 아주 제한된 목표물을 촬영할 때를 제외하고는 극도로 어려운 작업일 수 있다.[6] 다시 한번 말하지만, 한 분야의 발전은 빈번하게 외관상 큰 상관이 없어 보이는 영역의 발전을 이끈다. 이렇듯 영상 인식과 처리는 로봇 공학 분야를 위한 중요한 기술 영역이다.

음향 거리 탐지기(수중 음파 탐지기 및 이와 동등한 기계 장치)도 용도가 있지만, 다음과 같은 제한점을 가진다. 이 장치들은 라이더(Lidar)와 같은 레이저 거리 탐지기와 비교했을 때 속도가 특별히 빠르지는 않다. 위치 확인 시스템(The Global Positioning System, GPS)도 유용하지만 충분하지 않다. 탁자 위에서 커피 컵을 찾거나 카페 안의 냉장고를 찾는 등 국소 과제에서는 부정확하며, 갑자기 멈추거나 건물이나 교각 같은 인공물이 신호 수신을 방해하기도 한다. 범퍼에 부착된 센서나 움직임 탐지기 같은 다른 근접 센서 역시 로봇에 일반적으로 사용된다.

더욱 일반적인 의미에서 전자 네트워크와 마찬가지로 로봇의 처리 능력 중 상당 부분은 로봇 자체의 상태를 점검하는 데 사용된다. 마치 포유동물이 체온이나 혈당 수준을 관리하기 위해서 체계적인 되먹임 기제를 사용할 필요가 있듯이, 로봇도 내부 시스템을 모니터하고 통제하기 위해 자원을 쓸 필요가 있다. 완벽하게 자기 충족적인 로봇은 거의 없기 때문에 하나 이상의 무선 네트워크가 가동되어 로봇을 컴퓨터 클라우드 또는 기지국, 다른 로봇, 외부 센서 등에 연결한다.

체온, 동력 관리, 시스템 상태, 다양한 구성 요소의 방향(이를테면 왼쪽 뒷다리는 몸체를 기준으로 몇 도에 위치하고 있는가?) 모두가 감지되어야 할 필요가 있다. 자기 점검의 중요한 예 중 하나가 바로 바퀴 감지 체계이다. GPS나 지역 무선 송신소가 없는 상황에서 로봇에 제공할 가장 어려운 지식 중 하나는 자신이 어디에 있는가인데, 특히 2초나 3분 전의 위치와 비교할 때 그렇다. 바퀴의 회전수를 세는 것은 위치를 계산하는 기본적인 방법이다.

로봇이 더욱 발전하면서 그립(grasper), 손톱(claw) 또는 '손' 안의 센서가 중요해지고 있다. 예를 들어, 미끄러짐 감지 기술은 미끄러운 맥주병을 떨어뜨리지 않고 잡거나 지나친 압력을 가하지 않으면서 플라스틱 병에서 케첩을 짜내게끔 설계된 부속품에 들어가야만 한다. 다른 센서 장치들로는 (위험 상황에서) 방사선을 측정하거나 (천연 가스나 폭발물, 기타) 냄새, 말소리를 포함한 소리 자극을 측정한다.

그러나 결국 센서 데이터를 수집하고 그 데이터에 기반을 두어 의사 결정을 내리기란 개념상으로나 계산상으로나 어렵다. 즉 로봇이 탐지하는 환경 정보의 해상도가 낮고 양이 풍부하지 않을 뿐만 아니라 센서로 들어오는 자극의 질에 상관없이 탐지 기구들 역시 틀리기 매우 쉽다. 만약 로봇 센서의 오류율이 충분히 높다면, 거짓 양성(false positive) 반응은 로봇 실험을 곧 쓸모없게 만들 것이다. 깨끗하고 정확한 탐지 데이터라고 가정하기 어렵기 때문에 오류를 감지하고 수정하는 기술은 로봇의 성능을 개선하는 데 중요한 열쇠가 된다.

계산 능력

일단 로봇이 자신의 내적·외적 조건을 탐지하게 되면 탐지 신호를 유용한 형식으로 처리해야 하고 이를 바탕으로 제어 시스템이 로봇의 활동을 지시할 수 있다. 지금 여기에서 계산 구조, 프로그래밍 언어, 또는 컴퓨터 과학이나 공학의 다른 주요 주제들을 논의할 수는 없지만, 로봇 공학을 이토록 어렵게 만드는 몇 가지 복잡한 요소를 언급하는 것이 유용하겠다.

컴퓨터 과학에서 시간은 까다로운 문제이다. 인간의 행동 중 진정으로 즉각적인 것이 거의 없음을 감안하면, 명령이 주어지는 시간과 실제 실행되는 시간의 차이는 중요한 결과를 가져온다. 월스트리트에서의 고빈도 거래가 고전적인 예인데, 수천분의 1초밖에 되지 않는 네트워크의 반응 시간은 제안이 수락되는지 혹은 거부되는지를 결정할 수 있다. 일단 로봇이 움직여야 한다면 시간은 중요하다.

시간이라는 쟁점은 로봇과 관련된 또 다른 영역에서 어려움을 낳는다. 만약 당신이 성장기를 초창기 컴퓨터와 함께 보냈다면 당시에는 적시의 되먹임이 없었음을 기억할 것이다. 즉 엔터 키를 누른 후에 아무 일도 일어나지 않으면 우리는 보통 명령어를 다시 입력한 뒤 엔터 키를 또 눌렀다. 몇 년 후, 당신이 새 컴퓨터로 온라인 주문 웹사이트에서 일을 볼 때, 마우스를 한 번 클릭한 뒤 아무 반응이 없어서 다시 클릭을 하자 결국 양말을 6켤레가 아니라 12켤레나 주문하게 되어 당황한 적이 있을 것이다. 혹은 아무것도 주문하지 않았을 수도 있다. 차량이 움직일 때 입력과 이에 대한 반응 행동 사이의 적시 조정이 중요해진다. 제어 시스템이 즉각적이지 못하기 때문에 센서 감지와 처리, 제어, 작동 사이의 다양한 시차를 보정하는 일이 어려울 수 있다. 언덕 아래로 자전거를 타고 너무 빨리 내려가 본 사람에게 진동(oscillation)이라는 개념은 친숙할 것이다. 이럴 경우 결국 적절한 힘이나 속도로 보정되지 못한다. 한 가지 해결책은 더 나은 계산 능력을 갖는 것이지만, 이것 역시 더 많은 열을 발생시키고 더 큰 동력이 필요해진다. 계산 능력과 관련해서 공짜 점심은 없는 것이다. 더욱 일반적으로, 입력 및 명령 변수의 알고리듬적 평활화(algorithmic smoothing, 입력된 자료의 급격한 변동이나 불연속성을 완화시키거나 제거해 매끄럽게 하는 조작을 말한다. — 옮긴이)는 비실시간 처리(non-real-time process)의 불안정성 및 기타 인위적 결함을 줄일 수 있다.

소음은 화면에서와는 대조적으로 자유 공간에서 작동하는 시스템에 특정 비용을 발생시킨다. 허위적인 센서 입력을 포함해서 예기치 않은 센서 입력이 예상되는 경우 엄격한 조건문(if-then) 명령 구조는 실패하기 쉽다. 또한 로봇이 물리적 세계 안과 위에서 작동한다는 것을 감안하면 소음과 기타 오류는 자기 강화가 될 수도 있다. 퍼지 논리(fuzzy logic)가 이러한 소음에 대한 한 가지 접근법이다. 로봇은 종종 상당한 비중의 처리 용량을 오류 수정과 이와 관련된 일을 하는 데 사용한다.

인공 지능 분야의 주요한 논쟁은 바로 이 소음 문제와 관련이 있다. 수십 년 동안 로봇은 환경과 상호 작용하기 전에 그에 대한 지도를 먼저 만들기 위해 센서를 사용할 필요가 있다고 가정되어 왔다. 그러나 이 작업은 제한된 능력의 로봇 중앙 처리 장치로는 시간이 너무 오래 걸렸고, 그동안 외부 환경은 변하기 일쑤였다. 그래서 로봇의 인지 지도는 실시간 현실보다 일관되게 뒤처져 있었다. 그러한 위계적 접근은 복잡한 시나리오에서는 요구될지 몰라도 특정 로봇 공학 어플리케이션에서는 대안적인 인지 구조가 작동한다는 것을 보여 주었다.

로봇을 감각하고 사고하며 행동할 수 있는 기계로 정의한 앞의 논의를 기억해 보자. 지금은 MIT에서 은퇴한 로드니 브룩스는 1986년에 감각-사고-행동 모형을 새로운 정보를 고려한 '감각-행동-재감각-행동'의 '행태적(behavioral)' 모형으로 대체할 수 있다고 제안했다. 로봇은 센서 처리와 지도 생성을 통해 현실을 감각해서 추상적 표상을 만들고 그에 따라서 행동하기보다는 자신이 근사적으로 감각하는 환경에 스스로를 위치시킬 수 있다. 이러한 로봇 행동의 결과는 그 행동이 인지에서 발생했다는 점에서 매우 '지적'으로 보인다. 그러나 사실상 로봇은 무엇인가를 인지할 수 없다.[7]

아이로봇의 룸바 진공청소기를 포함해서 이러한 접근법을 적용한 많은 로봇의 출현은 낮은 수준의 행동을 겨냥할 수도 있다는 것을 의미한다. 이를테면 조건문 방식의 움직이기, 피하기, 반응하기 등의 행동 말이다. 로봇이 (아이작 아시모프가 로봇 공학 3원칙에서 기술한 것처럼) 인간을 보호하거나 선한 방식을 추구하게끔 프로그램될 수 있지 않느냐고 질문하는 사람들에게 브룩스는 "그럴 수 없다."라고 반응해 왔다. 새로운 정보를 고려한 낮은 수준의 감각-행동-재감각-행동 모형은 외관상 지적인 행동을 만들어 낼 수 있는데, 이것은 다중의 작은 결정들이 만든 의도치 않은 부산물일 뿐이다. 로봇은 일반적으로 현실에 대한 '주인 모형'을 가지고 있지 않다. 그러한 모형은 그저 만들기가 너무 어렵다.[8]

이것은 로봇이 단순히 반응한다고 말하는 것은 아니다. 주요 문제 영역 중 하나는 경로 구축 및 계획과 관련되어 있다. 자유도가 x인 관절 네 개가 있는 로봇 팔이 현 위치에서 세제 병이 위치해 있는 곳으로 움직일 필요가 있다고 생각해 보면, 로봇의 손가락이 그로부터 15센티미터 떨어진 화분을 쓰러뜨리지 않고 정확한 각도와 높이로 세제 병 쪽으로 위치하기란 결코 쉬운 일이 아니다. 로봇은 기계적 시스템의 제약을 안고 장애물(화분)을 피해서 목표 또는 대상(병)을 잘 식별해 내기 위해 상당한 주의를 기울일 필요가 있다. 일부 계획된 노선은 직행으로 목표물에 다다르지만, 경로상에 장애물이 가까이 있을 수도 있다. 그래서 (센서 보고에 나타난 넓은 오류 경계를 충분히 고려하면서) 안전에 대한 관심은 보통 장애물과 목표물을 동등하게 고려할 것을 강조한다.[9]

점점 더 많은 설정에서 로봇, 센서, 혹은 둘 다는 그룹으로 배치된다. 그러한 장치에 걸린 인지적 부하는 동일한 물리적 공간과 힘, 제약, 목표를 공유하는 다른 로봇의 존재로 인해 복잡해진다. 조류나 곤충과 마찬가지로 군집 로봇(swarmbot, 곤충의 집단 행동을 모방한 로봇 기술을 말한다. — 옮긴이)은 목표와 전술을 결정하는 책임을 가진 하나의 '명령하는' 로봇은 없을 수 있지만, 대신에 위계 없이 조정을 낳는 매우 단순한 규칙에 의존할 수 있다.[10]

행동

일단 감각을 하고, 어떤 수준이든 간에 인지가 명령을 내리게 되면 로봇은 반드시 명령을 종종 3차원 공간에서 실행해야 한다. 이 영역은 2차원의 컴퓨터를 로봇과 두 가지 주요한 방식으로 구별 짓는다. 첫째, 공간에서의 움직임은 모터, 유압 장치, 작동기를 통해서 성취되는데, 작동기는 화면상의 픽셀만큼 정교하지도 않고 예상 가능한 환경에 위치해 있지도 않다. 둘째, 인간과 로봇의 상호 작용은 시간과 세 가지 물리적 차원에서 일어나는데, 데스크톱 컴퓨터에 연결된 마우스와 키보드보다 인간의 감각과 인지, 정서적 에너지가 더 많이 관여된다. 그래서 관련된 규칙들은 더 복잡하다. 다시 말해, 로봇을 만들기 어려운 한 가지 이유는 인간이 데스크톱 컴퓨터와 상호 작용할 때보다 로봇과 상호 작용할 때 제약이 덜한 방식으로 하기 때문이다.

애플의 음성 비서인 시리와 IBM의 왓슨 컴퓨터, 구글의 검색 엔진은 모두 인간과 컴퓨터 상호 작용 분야에서 최근 발전의 예를 제공한다. 이 자연 언어 처리 시스템은 마우스 클릭을 모방한 음성 명령을 단순히 받아들이는 것이 아니라 (한 화자에 맞게 '훈련된' 이전의 시스템과는 달리) 여러 목소리와, 단순한 사전적 정의를 반영하지 않는 뉘앙스까지 이해하게끔 학습해야만 한다. 이웃과 산책을 하고 있는 한 반려견을 만났다고 상상해 보자. "등 좀 긁어 봐."나 "뒤로 물러나.", "여기로 다시 와." 혹은 "집으로 돌아가." 같은 말은 네 가지 근본적으로 다른 의도를 반영할 수 있다. 이것이 바로 인공 지능이 로봇 공학과 연결되는 지점이다. 즉 기계가 사람들과 상호 작용할 때 사람들은 보통 자신이 무엇을 바라는지, 그 바라는 바를 어떻게 표현할지 명확하지 않다. 명령을 말로 하는 것과 검색어를 입력하는 것 사이의 차이는 해석 과정에서 더 심한 형태의 복잡성에 직면하게 한다.

로봇 과학의 용어 중 '제어(control)'라는 단어는 로봇 시스템의 핵심 기능을 뜻하지만, 이 '제어'라는 단어에는 실제 문제가 있다. 예를 들어 무선 제어 장난감인 경주용 자동차 조종자와 비교할 때, 상이한 소프트웨어 아키텍처의 상이한 레이어는 시스템이 제안하는 관측된 행동보다 더 임의적이거나 덜 목표 지향적일 수 있다. 자율 로봇에서는 (미리 프로그램되고 같은 작업을 반복적으로 수행하는 고정된 공장 로봇과 대조적으로) 표준 아키텍처가 형성되었다. 가장 높은 단계에서 인간의 지시가 수용되면, 로봇 시스템은 계획을 하고 목표를 설정하며 로봇의 모양을 변화시켜 움직일 수 있게 한다. 이 높은 단계의 제어는 탐색 및 장애물 회피가 병렬적으로 작동하는 중간 단계로 넘어가게 된다. 마침내 전동기나 유사 장치에 대한 낮은 단계의 제어는 높은 단계의 명령을 물리적 움직임, 모니터링과 속도 미세 조정, 로봇의 방향, 안정성으로 변환한다. 낮은 단계 센서에서의 되먹임은 명령 논리가 아래 단계로 내려오는 동시에 위 단계로 올라간다.[11]

왜 갑자기 많은 로봇이 등장했는가?

로봇 공학 연구는 1960년대 이후로 수행되어 왔다. 그런데 왜 로봇이 2010년대에 갑자기 주류에 진입하게 되었는가? 이 질문을 당기는 수요 측면뿐만 아니라 미는 공급 측면에서 한 번 고려해 보자. 수요 측면에서 보면, 지정학이 한 역할을 담당한다. 해외 노동력 유입에 대한 거부감이라는 사회적 이유는 지루한 반복 작업의 자동화 요구를 강화시켰다. 실제로 독일과 일본, 한국은 작업자당 산업용 로봇의 수에서 세계를 선도하고 있다. 이 세 국가는 모두 낮은 출생률과 큰 자동차 제조업 부문이라는 특성을 보인다. 미래에는 개인 돌봄 로봇이 해외 노동력 유입에 대한 거부감과 기대 수명의 증가에 대처하는 데 도움을 줄 것으로 기대된다. 로봇이 공급 망과 제조에 사용될 때 정밀하고 반복적인 (용접이나 회로 기판 조립 같은) 작업들에 표준화를 가져올 수 있고, 단조롭고 가치가 낮은 (병원에서 오염된 세탁물의 운반 같은) 작업들에서 인간 노동력을 해방시킬 수 있다.

구글이나 볼보(Volvo), 아우디(Audi), 메르세데스벤츠(Mercedes-Benz) 등이 자율 주행 자동차를 개발하고 있지만, 기존의 자동차 생산 회사들도 로봇 공학이나 '로봇과 근사'한 기능을 생산품에 도입하고 있다. 자동 병렬 주차, 경로 추적(차선 이탈 경고), 근접 감지(주차 조작을 위한 후방 카메라나 앞차를 바짝 따라 달리는 것을 방지하는 프론트 그릴 장착 센서 모두를 포함한다.) 혹은 GPS가 되었든 간에, 오늘날의 자동차에는 다양한 종류의 시스템이 적용되는데, 이 시스템이 센서, 논리, 조정 장치가 기본적인 로봇의 정의를 충족시킨다.

싱어가 『하이테크 전쟁(*Wired for War*)』에서 지적했듯이, 전장에서 사용될 로봇 기술에 대한 미국의 투자는 베트남 전쟁 당시 군인 사상자들로 인해 증가한 정치적 비용과 연결될 수 있다. 동남아시아에서 미군 5만 8000명의 죽음이 미국 본토의 강한 반전 감정을 촉발한 후에, 고위급 국방 계획 입안자들은 국회 의원들(이중 가장 주목할 만한 사람은 2000년 버지니아 주의 존 워너(John Warner) 상원 의원이다.)과 함께 무인 시스템에 더 많은 자원을 투입하기 시작했다.[12] 이라크, 소말리아, 아프가니스탄, 그밖의 지역에서 사용한 비대칭적 전쟁 전술의 부상은 반란군의 급조 폭발물(improvised explosive device, IED)과 다른 무기들을 방어할 수 있는 도구에 대한 수요를 더욱 증폭시켰다. 장기적인 관점에서, 전투에 참여하는 로봇은 추측하건대 부상 당한 군인에 대한 장기 치료 비용을 줄여 줄 수 있다. 예를 들어 급조 폭발물에 부상을 당한 수족 절단자가 다수 발생하면 적어도 50년 이상 그들을 돌보는 데 비용이 많이 들며, 이는 의족 기술, 이동, 혹은 조직 재생 분야의 획기적 진전을 막는다.

마지막으로, 미국 항공 우주국(NASA)은 주로 화성 착륙 우주선의 개발을 통해 로봇 공학을 발전시키는 데 도움을 주었다. 실제로 화성은 태양계에서 로봇이 단독으로 거주할 수 있는 유일한 행성이다.

공급의 측면에서는 여섯 가지 광범위한 발전이 결합되어 로봇을 더 실현 가능하게 했다.

1. 무어의 법칙

50여 년 동안 인텔의 공동 설립자인 고든 무어(Gordon Moore)가 집적 회로의 트랜지스터 수(집적도)에 관해 내린 관찰, 즉 무어의 법칙은 지금까지도 사실로 유지되고 있다. 즉 트랜지스터의 밀도와 그로 인한 전체 처리 능력은 2년마다 2배씩 증가하고 있다. 많은 로봇 작업이 처리 집약적(경로 계획, 환경 감지 또는 감각, 안전 연동 장치)이기 때문에, 이렇게 증가된 처리 능력과 속도는 더 많은 작업이 실시간으로 이루어지게 하지, 작업을 늦추거나 외부 처리 장치를 이용하지 않는다. 컴퓨터의 기판에 더 많은 코어가 있다는 것은 주어진 칩에 더 많은 작업이 시도되거나 조율될 수 있다는 것을 의미한다. 비디오 게임용 그래픽 처리 장치와 디스플레이 드라이버의 발전은 실제 세계를 로봇 공학적으로 변형하는 데 도움을 주고 있다. 이는 센서를 통해 실제 세계를 인지 처리 과정에 통합될 수 있는 논리로 변환하는 것을 가리키며, 반대 방향도 가능하다.

2. 구성 요소의 발전

마이크로소프트 게임 시스템에 (움직임 감지기, 3차원 소프트웨어/펌웨어와 함께) 등장한 키넥트 카메라는 컴퓨터 시각이 경제적으로나 계산 공학적으로 더 쉽게 사용될 수 있다는 것을 의미한다. 로봇 공학은 예를 들어 카메라나 자동차의 창문 같은 더 큰 시장에서 스테퍼 모터(stepper motor, 한 바퀴의 회전을 많은 수의 스텝으로 나눌 수 있는 직류 전기 모터를 말한다. — 옮긴이)를 차용하고 있다. 수백만 대의 휴대 전화용 소형, 저전력, 고해상도 카메라가 제작되고 있고, 저전력, 저발열 마이크로프로세서 또한 로봇 공학 어플리케이션에 쓸 수 있다. 휴대 전화용 칩 이외에도 아두이노(Arduino) 미세 제어 장치나 신용 카드 크기의 라즈베리 파이(Raspberry Pi) 리눅스 컴퓨터도 실험실이나 상품 개발 환경에 아주 저렴한 가격의 고성능 부품을 제공한다. 태블릿 컴퓨터의 대량 생산 역시 이전에 특수화된 구성 요소였던 터치스크린의 가격을 내리는 요인이 되었다.

3. 공유

경로 탐색, 영상 처리, 감각, 상황 인식을 위한 알고리듬은 검색이나 사회 연결 망 분석, 게임, 비디오 렌더링(컴퓨터 프로그래밍을 사용해 모형에서 영상을 구현하는 과정을 말한다. — 옮긴이), 자연 언어 처리 같은 인접한 분야의 발전에서 차용될 수 있다. 기계 학습은 검색 및 빅 데이터 분석의 중요 분야로 등장해 인공 지능 연구 분야를 관심과 연구비가 적었던 기간을 지나 학문의 선두 분야로 복귀시켰다. 광범위한 오픈소스 운동은 로봇 공학 분야에까지 확장되어 더 많은 코드 라이브러리를 이용할 수 있게 되었고, 그 결과 프로젝트를 완전 처음부터 시작하는 경우가 많이 줄어들었다. 예를 들어 로봇이 문을 열게끔 하는 세계에서 5번째 혹은 95번째의 코드 라이브러리를 개발하느라 경쟁하는 대신에, 프로그래머들이 공통의 문제를 해결하기 위한 개발자 커뮤니티의 오픈 소스를 쓰고 적절히 변형할 수 있게 되었다.

4. 뛰어난 인적 자원

레고(Lego)의 마인드스톰 로봇 경진 대회를 통해서나 점점 더 늘어 가는 컴퓨터 과학 전공자의 수, 증가해 가는 전 세계 대학교의 독립된 로봇 공학과를 통해서 더 많은, 더 우수한 학생들이 이 분야로 들어오고 있다. 산업계가 산업용 로봇, 자동차 및 가전 제품의 센서 기반 기술, 군사 및 항공 우주 기술을 구축하는 데 도움을 주기 위해 이 분야의 전문가를 지속적으로 고용하면서, 이 분야의 매력은 로봇을 만든다는 확실하게 '멋진' 요소를 경제 논리와 결합하고 있다.

5. 돈

민간 부문에서, 2012년 세간의 이목을 끄는 몇몇 로봇 공학 스타트업을 인수한 인튜이티브 서지컬의 극적인 주가 상승은 로봇 공학 회사들이 벤처 투자 회사의 자금을 유치하는 데 도움을 주었다. 구글의 눈에 확 띈 네스트 랩스(32억 달러)와 보스턴 다이내믹스(매수 대금 비공개)의 인수는 이 분야로 더 많은 관심을 이끌어 냈다. 아마존은 키바를 7억 7500만 달러에 사들였으며, 일본의 소프트뱅크는 알데바란(Aldebaran)이라는 프랑스의 휴머노이드 로봇 공학 회사를 1억 달러에 사들였다. 마지막으로, 현재 3대 프로젝트로 명명되는 폭탄 처리, 국경 감시 및 무인 항공기 사업을 위한 군사용 로봇을 위한 지출의 막대한 성장은 그 중요성을 과장해서 말하는 것이 불가능할 정도로 대단하다. 복잡하고 비밀스러운 방위 자금의 특성상 정확한 액수를 산출하기는 어렵지만, 한 기업은 2010년 방위 로봇을 위한 지출이 58억 달러로,

2016년까지 80억 달러로 증가할 것으로 추산한다.[13]

6. 기타 이유들

로봇 개발에 대한 폭넓은 요구는 더욱 발전된 분야의 진보를 이끌어 낸다.

- 1957년 개발된 하모닉 구동 기어는 로봇 공학을 비롯해 인쇄, 기계 장비, 항공 공학 같은 정밀 응용 분야에 폭넓게 사용된다. 높은 회전력, 소형 및 경량, 동일한 외부 크기의 기존 평기어에 비해서 더 높은 구동 효율을 얻는 능력은 로봇 제작자에게 매력적인 여러 가지 특징 중 일부일 뿐이다.
- GPS는 어디에서나 사용할 수 있고 무료이며 또 총체적 수준에서의 위치 탐지를 위한 로봇 센서 모음의 일부로 사용될 수도 있다.
- 와이파이는 자유 범위 장치를 기지국, 선외 프로세서, 외부 카메라 또는 기타 장치에 연결하는 방법과 같은 자율 로봇의 주요 문제를 다룬다. 이전 세대의 로봇 공학 연구자들은 연구를 위한 비계를 세우기 위해 복잡하고 느린 무선 프로토콜을 이용하거나 로봇에 케이블을 연결해야만 했다. 저렴하고 견고한 무선 네트워크를 사용할 수 있게 되면서 오늘날 연구자들은 더 근본적인 문제들을 다룰 수 있게 되었다. 무선 네트워크는 또한 '클라우드 로봇 공학'의 길을 열어 준다. 즉 무거

운 처리 과정은 로봇의 몸체나 구역 내에서 중앙 서버로 옮겨서 실행하는 것인데, 여러 장치들 간의 공유 학습 증가를 수반한다.[14]

- 레이저 스캐너는 레이저의 개발 직후인 1960년대에 출현했다. 비용이 절감되고 신뢰도가 향상되면서 라이더는 환경 지각과 사물 분류를 위한 자율 로봇(자율 주행 자동차 포함)에 광범위하게 사용되었다.
- 로봇을 작동시키기 위해서는 상당한 양의 코드가 필요하며, 상자에서 바로 꺼내 쓰는 (윈도 같은) 지배적인 로봇 운영 체제가 없다는 것을 고려할 때, 소프트웨어 공학(디버깅, 모듈화 원칙, 새로운 유형의 개발 프레임워크)의 발전은 로봇 공학의 수준을 발전시키는 데 도움을 주었다. 매스매티카(Mathematica) 같은 상용 소프트웨어 역시 센서 처리나 다른 로봇 공학의 기능에 유용하다.
- 인간의 얼굴을 한 로봇에 쓰이며 생명체와 더욱 유사하고 유연한 '피부'를 만드는 데 쓰이는 폴리머, 무인 항공기에서 사용되는 탄소 섬유와 항공기 금속, 혹은 필요에 따라 전기적으로 전도, 저항, 반도체 상태를 넘나드는 '스마트' 섬유 같은 재료 과학의 혁신 역시 로봇 공학 분야를 발전시키는 데 도움을 주었다. 실제로 재료 과학으로 배터리 성능이 개선되어 노트북과 스마트폰의 전력 혁신이 가능해졌다. 이는 모든 로봇 공학 분야에 대한 제한된 연구 기금으로는 결코 지원할 수

없었던 것이다.

- 컴퓨터 과학이 수십 년간 체스를 도전 과제 중 하나로 여겼듯이, 로봇 공학은 축구 월드컵 팀 구성을 로봇 팀의 궁극적인 기준점으로 삼았다. 1997년에 시작된 이래, 로봇 축구 월드컵은 매년 인공 지능 및 관련 분야의 연구가 얼마나 발전했는지를 보여 주는 표준화된 증명의 장이다. 이 대회의 공식적인 목적은 다음과 같다. "21세기 중반까지, 피파(FIFA, Fédération Internationale de Football Association)의 공식적인 규칙에 따라 완전히 자율적인 휴머노이드 로봇 축구 선수로 구성된 팀은 가장 최근에 (인간) 축구 월드컵에서 우승한 팀과 겨루어 승리할 것이다."[15]

이 간략한 요약은 로봇 공학에 대한 관심이 얼마나 광범위하고 깊은지를 보여 주며 많은 삶의 영역에 대한 미래 잠재력을 조금 알려 줄 따름이다. 인구 통계, 기술 혁신, 전쟁과 정치, 점점 더 증가하는 계산 능력 등 로봇 공학의 발전을 가져올 동력은 중요성이 금방 줄어들기 쉽지 않을 것이다. 다가올 수십 년은 다양한 유형의 로봇의 출현을 증명하는 장일 것이다. 즉 로봇 공학의 미래는 매우 밝은 것으로 보이며 심지어 약간은 혼란스러워 보이기까지 한다.

5강
로봇 드라이버

자동차와 그 사촌뻘 되는 (경량 혹은 중량) 트럭은 단 100년 만에 그 어떤 기술보다 더 많이 지구의 풍경을 바꿔 놓았다. 달라진 교외 풍경과 교통 체증, 자동차 산업을 지탱하기 위한 산업화된 세계의 많은 노동력과 전 지구적 이산화탄소 배출량 등을 고려할 때 자동차는 20세기를 대표한다고 할 수 있다. 1960년 이래로 전 세계 인구가 30억부터 70억까지 늘어나는 동안 자동차 기술은 자동 변속기, 자동차 내 실내 에어컨과 같은 중요한 개발 이후에 큰 변화가 없었다. 인도, 중국, 멕시코, 브라질 혹은 세계 비슷한 다른 곳을 둘러보면 한 세기 정도 된 자동차 기술(그중에서도 특히 내연 기관을 들 수 있다.)이 미치는 영향을 느낄 수 있다. 간단히 추정해 보아도 자동차와 자동차 관련 산업의 연간 전 세계적 매출이 2조 달러에 미친다.[1]

자동차의 영향은 앞에서 간접적으로 언급한 환경 문제나 교통 체증으로 낭비되는 시간, 매년 수만 명에 달하는 교통 사고 관련 사망 등 많은 부분이 부정적이다. 자동차의 부작용을 완화하고, 긍정적 효과를 유지하기 위해서는 완전 자율 자동차나 반(半)자율 자동차의 개발이 매우 필요하다.

- 전쟁뿐만 아니라 자연 재해나 인재 등을 포함해 위험한 상황이 발생했을 때, 현장에 필요한 물자를 공급하고 위험한 상황에서 사람을 구하며 자산을 밖으로 옮기는 일은 매우 필요하다. 예를 들어 중동 전쟁 중 수송 호위를 하던 미군이 대량 살상 무기에 매우 빈번하게 사망하거나 중상을 입었다. 이는 무인 트럭이 얼마나 절실한지를 보여 준다.
- 교통 체증으로 인해 정확히 얼마나 많은 시간과 연료가 낭비되고 있는지 아무도 모른다. 2003년의 추정치에 따르면 낭비되는 시간은 1년에 37억 시간, 낭비되는 연료는 1년에 23억 갤런에 달한다. 2010년의 추정치도 비슷한데, 낭비되는 시간과 연료가 각각 48억 시간과 19억 갤런에 달한다고 한다.[2]
- 자동차는 대부분 사용되지 않고 주차된다. 주차되어 있을 때에도 중요한 공간 자원을 낭비한다. (대도시에서 주차료를 내 본 사람이라면 누구나 동의할 것이다.) 한 추정치에 따르면 자동차를 실제로 사용하는 시간은 자동차 전체 사용 시간의 4퍼센트도 안 된다고 한다.[3]

- 자동차를 안전하게 운전하기란 매우 어렵다. 나이가 들어 갈수록 반응 속도는 느려지고 시력과 청력이 저하된다. 음주 운전자나 초보 운전자들은 매일 끔찍한 교통 사고를 일으킨다. 계속 증가하는 교통 체증은 우리가 해결해야 할 큰 과제이다. 매년 교통 체증은 심화되고 출퇴근 시간도 길어지지만, 인내심과 운전 기술, 운전에 필요한 주의력은 항상 필요한 만큼 비례해서 좋아지지 않는다. 세계 보건 기구(WHO)에 따르면 전 세계적으로 매년 120만 명이 교통 사고로 목숨을 잃는다고 한다.

무슨 일이 일어나고 있나요

인간의 반응 속도와 시각적 계산은 신뢰할 수 없다. 실제로 기계가 인간보다 더 잘 운전하는 교통 상황을 어렵지 않게 상상할 수 있다. 예를 들어 다가오는 차량의 속도를 인간이 추측할 때를 생각해 보자. 많은 경우에 (예를 들어 다가오는 차량을 보고 좌회전을 할 수 있는지 없는지 판단하는 경우에) 사람들은 차의 측면 거울을 보고 차량의 속도를 판단하다가 매일 수백만 번씩 실수를 한다. 로봇 차량에 부착된 속도 측정기인 라이더를 이용하면 계산은 아주 쉬워진다. 꼭 구글의 자율 주행 자동차가 아니더라도, 견인력 제어나 다른 로봇 조정 장치 등 자동차에서 전자 조절 장치의 역할은 매년 커지고 있다. 자율 주행 자동차 중에 두 개의 속도 기록을 보유한 자동차 제조 업체는 현재 아우디[4]인데,

다른 많은 자동차 제조 회사들이 이런 기술의 가능성을 연구하고 있다. 음주 운전이나 과속 운전, 차선 위반 주행을 감지해 자동 주행 장치로 연동시키는 장치는 이미 개발되었다. 이러한 연동 장치는 잠재적으로 위험한 상황에서 자율 주행 장치로 운전을 이양하는 기술로서 충분히 이용될 수 있다.

로봇의 도움이 전적이거나 전무할 필요는 없다. 마치 견인력 제어 시스템이 길에서 미끄러져 차량 사고가 발생하지 않도록 운전자를 돕는 것처럼, 운전자를 가능한 한 많이 돕는 것이 한 가지 추세이다. 2015년에 테슬라는 증분 자율 운전 능력(incremental self-driving capability) 프로그램을 출시했다. 이 프로그램은 마치 야간 시력 도우미가 특정 모형에서는 선택 사항이듯 라이더 비전 도우미의 형태로, 운전 미숙자가 당황했을 때 운전자 대신 더 재빠르게 대처하는 운전대 조절 기능으로, 이미 특정 모형에서는 채택된 자동 평행 주차 기능 등으로 가능하다. 자동 GPS 형태로 길 찾기와 실시간 교통 정보, 날씨 예보 등을 통합적으로 서비스하는 것 또한 매력적이다. 처음 방문한 도시에서 차를 빌려 타는 이들은 자동 운전 장치가, 야간에 퇴근하는 이들에게는 제일 덜 막히는 길을 알려 주는 서비스 등이 가능하다.

도심지에서 주차하기는 극히 힘들고, 주차 요금도 만만치 않다. 사람들은 시장이나 극장, 스포츠 경기장 등 많이 가는 장소 주변에 주차하기 위해 요금을 지불한다. 그렇다면 저녁에 차량 주인이나 손님을 극장이나 영화관, 파티 장소 같은 목적지에 내려 주고, 공항 주변 주차장처럼 주차 요금이 덜 나오는 곳에서 대기한 다음, 차량 주인이나 손님이 부르면 다시 그들을 태우는 식으로 발레파킹 역할을 하는 자율 주행 차량을 상상하기는 쉽다.

여기에서 한 발 더 나아가서, 차량을 자율 주행 택시처럼 제품이 아닌 서비스로 상상해 보라. 자율 주행 택시가 손님을 태우고 목적지에 내려 준 다음, 택시 운영 관리 시스템보다 훨씬 나은 알고리듬을 활용해서 그다음 대기 손님을 태우고 내려 주는 식으로 도시의 교통량을 줄일 수 있다. (예를 들어 아침 출근 시간에 운전자 다섯 명이 각자의 차량을 운전하는 대신 차량 한 대로 다섯 명을 순차로 출근시켜 주든지, 동승하기를 원하는 사람이나 저렴한 가격 선택권을 원하는 경우 한꺼번에 태워다 주든지 하는 것이다.) 이러한 방식으로 필요한 주차 공간이 줄어들면, 주차 공간이었던 곳은 더 좋은 공간으로 활용될 수 있다. 사람들에게 더 많은 가처분 소득이 생길 것이다. 차량 소유 기간의 96퍼센트에 해당하는 시간을 낭비하는 현재의 차량 소유 시스템은 차량 연료비, 유지비, 보험비와 주차비를 감안할 때 고비용이다. 택시와 달리 로봇이 운전하는 자율 자동차는 집으로 갈 필요가 없이 멈추든, 연료를 주입하든, 재충전하든 간에 최적의 알고리듬으로 운행될 수 있다. 실시간 가격 책정으로 하루 내내 운영의 묘를 살릴 수 있다. 시간의 여유가 있는 사람들은 예를 들어 오전 10시 30분 이후에 가장 빨리 이용 가능한 차량을 저렴한 가격으로 이용할 수 있다. 택시보다 개인 차량을 선호하는 사람들을 대상으로, 스마트폰 어플리케이션을 기반으로 하는 대안적 택시 서비스 업체인 우버(Uber)는 자율 주행 차량 연구 능력이 뛰어난 연구원을 고용하면서 많은 투자를 하고 있다. 우버의 최고 경영자가 공개한 비전은 자율 주행 자동차 발전

추세에 잘 맞추어져 있다.[5] 2016년 초에 우버와 동종의 스타트업 기업인 리프트(Lyft)는 자율 주행 택시를 개발하는 대가로 제너럴 모터스에 500만 달러를 투자했다.[6]

자율 주행 자동차는 인간이 운전하는 자동차에 비해 편리할 뿐만 아니라 차간 거리를 더 가깝게, 안전하게 운전할 수 있다. 인간보다 더 빠른 반응 속도를 보이며, 인간이기 때문에 발생하는 안전 운전 장애(예를 들어 운전하면서 식사나 화장하기, 문자 보내기, 운전 장애나 신체적 한계 등)가 없는 자율 주행 자동차는 서로 더 예측하기 쉽다. 이러한 장점 때문에 도로 용량 및 교통 흐름 효율성이 증가할 것이다. 따라서 새로운 도로 확장은 훨씬 덜 긴급해진다. 잘 알려져 있고, 이미 지도에 그려져 있는 도로에서 로봇이 운전하는 자율 자동차는 최적으로 빠르게 주행할 수 있다. 시험 트랙에서 자율 주행 자동차를 연구하던 초기에 BMW는 운전 경험이 적은 운전자를 훈련하기 위해서 최상급 운전자의 테스트 결과를 누적해서 3 시리즈 세단을 프로그래밍한 적이 있다. 정확한 변속, 가속 및 제동 동작과 함께 모퉁이를 돌 때 안과 밖으로 올바른 차선을 선택하는 것은 자동화하기 쉽다. 하지만 BMW의 자율 트랙 자동차는 아직 다른 차량과 함께 자율 운행될 수는 없다.[7]

자율 자동차, 이미 당신이 타고 있다

지난 10년간 자율 자동차는 빠르게 발전해 왔다. 2004년에 출간된 책 『새로운 노동 분업(*The New Division of Labor*)』에서 저명한 노동 경제학자인 프랭크 레비(Frank Levy)와 리처드 머네인(Richard Murnane)은 암묵적 지식(tacit knowledge, 사람들이 알지만 말로 표현할 수 없는 지식을 말한다. — 옮긴이)이 야기하는 문제들을 토의했다. 이들은 규칙 기반 정의로 잘 매겨지는 신용 점수보다는 비교적 규칙 기반 정의로 잘 매겨질 수 없는 예로서 교통 흐름을 가로질러 좌회전하려는 배달 트럭을 들었다.

> 빵 배달 트럭 운전자는 주변에서 일정한 정보의 흐름을 처리해야 한다. 교통 신호등 시각 정보, 아이들과 개, 다른 차량들의 궤적에 관한 시청각 정보, 사이렌 소리처럼 보이지 않는 차량들에 관한 청각 정보, 트럭 엔진, 변속기 및 브레이크의 성능 등이다. 이 모든 것을 처리하는 프로그램을 위해 비디오카메라와 감각적 정보 입력을 위한 다른 감지기로 시작할 수 있다. **그렇지만 교통 흐름을 가로질러 배달 트럭을 좌회전시키는 데에는 너무나 많은 요소들이 관여되어 있어서, 트럭 운전자를 대신할 수 있는 일련의 규칙을 발견하는 것은 매우 어렵다.**[8]

같은 해에 미국 방위 고등 연구 계획국(Defense Advanced Research Projects Agency, DARPA)은 100만 달러 상금이 걸린 자율 주행 자동차 대회를 열었다. 자동차 코스는 230킬로미터에 달하는 모하비 사막의 도전적인 지형이었다. 100개가 넘는 팀이 관심을 보였고, 그중 15개 팀이 대회 출전 자격을 얻었다. 이 대회에서는 어떠한 형태로든 인간의 개입이 허용되지 않았다. 가장 성공적인 참가 팀이 겨우 11킬로미터를 달리다, 뒷

바퀴가 끊어져 겨우 매달린 상태로 연기가 나고 거의 불이 붙을 때까지 회전했다.

2005년에는 우승자에게 200만 달러 상금을 주는 비슷한 대회를 개최했다. DARPA가 국회에 제출한 보고서에 적혀 있듯이 이 대회의 목적은 다음과 같았다.

- 센서, 내비게이션, 제어 알고리듬, 하드웨어 시스템 및 시스템 통합 등의 (중요한) 분야에서 지상 자율 주행 자동차 기술 발전을 가속화하기
- 군사 목적에 준하는 속도와 주행 거리를 갖춘, 험준한 지형을 달릴 수 있는 자율 자동차를 시연하기
- 자율 주행 자동차 문제에 새로운 통찰력을 가져다줄 수 있는, 이전에 국방부의 프로그램이나 프로젝트에 관련된 적이 없는 광범위한 참가자들의 관심을 끌고 활성화시키기[9]

대회 참가를 신청한 195개 팀 중 136개 팀이 참가 신청 시 필수로 제출해야 하는, 첫 과제 목표를 기록한 5분짜리 비디오를 냈다. DARPA는 118회에 걸쳐 현장 방문을 했고, 40개 팀의 준결승 진출자를 선정했다. 3개 팀이 추가 합류하자 대회 참가 인원이 1,000여 명이었으며 그중 다수가 이 대회에 온종일 매달려 있었다. 본 대회의 출전 자격이 주어지는 시험 주행에 참가하기 위해 준결승 참가 팀들이 실전 대회에서 만날 수 있는 지형을 갖춘 캘리포니아 주 고속 도로에 집결했다. 43개 참가 팀 중에서 23개 팀이 세 번의 시험 주행 중 하나를 통과했고 다섯

팀만이 세 번의 시험 주행 모두를 통과했다. 사전 시험 주행에서 예상된 것처럼 결과적으로 그 다섯 팀만이 본선 대회를 마칠 수 있었다.

DARPA가 상금을 포함해서 이 대회에 투자한 금액은 1000만 달러보다 적었지만, 성과는 매우 컸다. 미국은 이로 인해 자율 주행 자동차 분야에서 빠르게 선두로 나설 수 있었다. 더욱 고무적인 것은 세계의 이목이 DARPA가 제안한 센서, 내비게이션, 제어 알고리듬, 하드웨어 시스템 및 시스템 통합 등의 연구 분야에 모였다는 것이다. 이러한 예는 예시적이고 교훈적이라고 할 수 있다.

가정 극장 시스템의 서브 우퍼를 제작했던 벨로다인(Velodyne)의 창업자인 데이비드 홀은 2004년 대회에서 한 팀을 조직하고 후원했다. 이 팀은 2005년에는 출전하지 않기로 결정하고, 대신에 운전 지형을 탐지할 수 있는 독점적인 라이더 시스템을 개선해 시장에 내놓았다. 라이더 시스템은, GPS가 차량의 대략적인 위치를 가르쳐 주는 데에는 유용하지만 교통 차선이나 진입로를 인식하지는 못하는 것과는 대조적이었다. DARPA가 2007년에 개최한 도심지 자율 주행 자동차 대회에서 11개의 결승 진출 팀 중 1~2등을 차지한 카네기 멜런 대학교와 스탠퍼드 대학교를 (2005년 대회에서는 순위가 뒤바뀌었다.) 포함한 7개 팀이 벨로다인 라이더를 장착하게 되었다. 벨로다인 라이더는 64개의 개별적 레이저에서 1초에 100만 개 이상의 원거리 점을 생성할 수 있고, 분당 900회의 속도로 회전한다. 원래 구글 자율 자동차로 사용된 토요타 프리우스 기본 모형의 가격이 2만 5000달러라는 것을 고려할 때, 2003년 당시 대당 대략 7만 5000달러라는 가격은 상업화하기에는 너무 높았다. 어쨌든 벨로다인은 구글(구글에서는 체계의 핵심(the heart of the system)이라고 불린다.)[10]과 다른 연구 팀들이 사용했고 산업 표준이 되었다. 2014년 하반기에는 덜 비싼 16개의 레이저를 장착해 7,999달러로 가격이 떨어졌다. 벨로다인은 2015년 하반기에는 500달러 이하의 모형이 2016년에 출시될 것이라고 발표했다.[11]

자율 주행 자동차의 개발은 다소 상반된 두 가지 방식으로 진행되고 있다. 구글은 DARPA 대회에서 우승 팀을 이끌었던 스탠퍼드 대학교의 서배스천 스런(Sebastian Thrun)을 영입해 자율 주행 자동차 개발을 이끌게 했다. 놀라운 일은 아니지만, 스탠퍼드 대학교에서 보여 주었던 스런의 철학 – "자율 항법은 소프트웨어가 핵심이다."[12] – 은 구글에도 적용되었는데, 구글이야말로 방대한 양의 데이터를 다루기 위한 도구가 일상적으로 쓰이는 곳이었다. 간단히 말해서 구글은 자율 주행 자동차를 차량의 많은 데이터를 처리하는 소프트웨어가 장착된 컴퓨터로, 하드웨어인 차체는 주변 장치로 취급한다는 것이다.

부수적으로 가장 중요한 데이터 중 많은 것이 도로나 다른 차량들의 데이터가 아니라 자동차 자신의 데이터, 즉 자동차 자체의 '상태(pose)' 데이터이다. 무게가 약 1,400킬로그램이나 되는 자동차가 공간에서 움직인다는 것은 물리 법칙의 지배를 받는다는 것이고, 자동차 피치(pitch), 요(yaw), 롤(roll)의 측정은 곧 자동차가 어디에 있으며 바로 다음 순간에 어디로 갈 수 있는지를 보여 주기 때문이다. 예를 들어 만일 차가 완벽하게 수평을 유지하며 차 지붕 위에 전방 50미터의 지형을 측정하는 센서가 있다면, 갑작스럽게 브레이크를 밟을 경우 차의 앞

부분이 밑으로 기울고 지붕 위에 있던 센서가 앞으로 기울어지면서 50미터 거리가 채 안 되는 것으로 측정될 것이다. 이를 고려해서 구글에서 개조한 토요타/렉서스(Toyota/Lexus)는 바퀴 회전 카운터, 레이더 및 라이더와 함께 일련의 센서를 자동차 자체의 동역학 측정을 위해 장착했다. (그렇지만 현재 구글의 사고 경력이 없는 자율 주행 자동차 개발 방향은 다르다.)[13]

다른 방식으로 자율 주행 자동차 개발을 진행하고 있는 자동차 회사로는 폭스바겐(Volkswagen)과 메르세데스벤츠, 볼보와 BMW가 있고, 자동차 부품 회사로는 록웰 콜린스(Rockwell Colins), 보슈(Bosch)와 콘티넨털(Continental)이 있다. 이러한 회사들이 생산하는 고급 차량에 매년 조금씩 더 많은 센서와 처리 능력, 작동기를 추가함으로써 자율 주행 자동차의 로봇 특성이 몰라볼 정도로 늘어나서 《카 앤드 드라이버(*Car and Driver*)》가 "자율 주행 자동차! 이미 당신이 운전 중이다!"[14]라고 선언할 지경에 다다랐다. 참으로, 완전한 자율 주행 자동차를 만드는 일은 거대한 도약이라기보다는 조그마한 진전일는지 모른다. 잠금 방지 브레이크, 견인력 제어 시스템, 안전한 후속 차 거리 유지 기능, 차선 탐지 기능, GPS, 평행 주차 보조 장치와 후방 백업을 위한 센서 들이 기계 학습을 통해 훈련된 소프트웨어와 더 많이 통합되고 증강될 수 있다. 테슬라 오토파일럿(Autopilot) 모드는 이러한 접근 방식을 채택했으며 라이더는 장착하지 않았다. 이러한 타사의 움직임에 자극을 받은 토요타는 2015년에 특별히 노인을 위한 자율 주행 자동차와 가사 도우미 로봇을 겨냥해 자회사를 설립했다. 이러한 인공 지능 관련 예상 투자액이 2020년경에는 총 10억 달러에 이를 것이다.[15]

유럽에서는 2009년 이래로 운전자 없는 운전에 관한 연구가 진행되었다. '사르트르(SARTRE, Safe Road Trains for the Environment)'라 불리는 이 연구는 2012년에 종료되었는데, 앞에서 언급한 많은 기술을 채용하고 있었다. 주로 중형 트럭인 선두 차량은 인증된 운전자가 맡는다. 처음 연구는 레이저와 카메라를 장착한 차량 운전자들이 사전 예약을 통해 플래툰(platoon)이라 불리는, 차량이 기차처럼 10대까지 도로에서 줄지어 늘어서면 운전자들이 합류하겠다는 의사를 밝히고 정해진 시간과 장소에서 합류하는 형태로 이루어졌다. 합류한 후에는 각 운전자가 차량 운전을 플래툰에 맡겼다. 운전자가 자거나 책을 읽거나 스마트폰 문자를 보내거나 아이들과 놀고 있을 때 차량은 안전하고 효율적인 차량 거리를 유지했다. 목적지가 가까워지면, 운전자는 차량 운전의 통제권을 되찾아 오고 플래툰 시스템에서 빠져 나왔다. 플래툰 모형은 차량 간 통신이 와이파이로 업데이트되었고 성공적으로 2016년까지 진행되어 왔다. 리모컨 사용으로 가능해진 차간 거리의 축소는 연료 효율을 20퍼센트에서 40퍼센트로 향상시켰다. 도로 개조는 필요하지 않았으며, 유럽 연합은 플래툰 시스템의 통신을 위한 전용 무선 주파수를 이미 지정해 두었다.[16]

로봇 자동차가 온다

자율 주행 자동차 대중화에 이르는 길은 험난할 것이다. 대중화의 결과는 놀라울 것이며 일부 분야나 지역, 사회 집단에서는 다른 곳보다 더 빨리 자율 주행 자동차를 받아들일 것이다. 이 모든 것을 예상하기는 어려울지라도 다음과 같은 복잡한 관련 요소들이 있음을 알 수 있다.

1. 법제화 문제

자율 주행 자동차의 상용화를 허가하기 위해서는 교통 법규의 개정이 필요할는지 모른다. 이미 미국 네바다 주는 구글의 로비로 자율 주행 자동차를 합법화했다. 그러나 자율 주행 자동차 허가를 놓고서는 다양한 이해 집단이 더 많은 요구와 조건을 더할 것이기 때문에 만족스러운 법률 제정은 간단한 문제가 아닐 것이다.

사람들은 다음과 같은 질문을 할 것이다. 자율 주행 자동차 사고 발생 시, 누구에게 책임을 물어야 하는가? 당연히 대답은 까다롭다. 실리콘밸리의 혁신가이자 전문가인 브래드 템플턴(Brad Templeton)이 말했듯이 현재는 자동차 사고가 발생하면 자동차 소유자가 직접 혹은 보험 회사를 통해 간접적으로 책임을 진다. 하지만 자율 주행 자동차 사고는 책임이 제조사, 부품 공급 회사, 소프트웨어 회사 등 관련 회사에 있다고 보아야 할지 모른다. 자율 주행 자동차 사고는 개인 운전자가 순간 저지른 실수의 결과라기보다 제품 자체의 결함, 즉 회사가 사고 예견에 실패한 결과라고 보아야 할 것이다. 이러한 판단이 정확하다면, 제조사는 자신의 자율 주행 자동차가 아직 충분히 준비되지 않았다는 결론에 도달하게 된다. 템플턴은 다음과 같이 항공기를 예로 들었다. 몇몇 소형 항공기 제조 회사가 항공기 제품 자체의 결함에 책임을 지고 소형 항공기 시장에서 퇴출되었다. 배심원들이 심지어 비행기 조종사들에게 책임이 있는 경우까지도 대부분 비행기 제조 회사에 사고의 책임을 물었기 때문에 몇몇 비행기 제조사의 보험료가 항공기 비용을 초과해서 망했던 것이다.[17]

또한 템플턴은 사람의 인지 능력에 관해 설득력 있는 논리를 편다. 노벨 경제학상을 받은 대니얼 카너먼(Daniel Kahnemann)[18]을 포함한 행동 경제학자들과 정보 보안 '구루'인 브루스 슈나이어(Bruce Schneier)가 지적하듯이 사람들은 위험을 이성적으로 평가하는 일을 잘 하지 못한다. 슈나이어는 상어를 예로 든다. 뉴스에서 상어가 인간을 공격했다는 소식을 접하면, 비록 상어에게 공격당할 위험이 개에게 물릴 위험보다 훨씬 낮음에도 불구하고 많은 사람들이 물에 들어가는 것조차 꺼린다.[19] 반면에 암이나 심장병, 자동차 사고가 매년 수십만 명의 생명을 앗아 가지만, 상어의 공격에 반응했던 것만큼 민첩하게 흡연을 포기하지 않고, 고지방식을 멈추지 않으며, 자동차를 몰고 출퇴근한다. 미국인 4만 5000명(실제로 몇 년 전의 사망자 수이다.)이 자동차 사고로 목숨을 잃는다고 가정해 보자. 이 수치에서 95퍼센트를 빼고 말해야 사람들이 자동차를 더 못 믿게 될지도 모른다. 확률적인 사고는 직관과 일치하지 않는다. 드물게 일어나지만 예측 불가능한 사고로 좀 더 많은 사람이 죽는 것이 사람들에게는 더 큰 두려움을 준다.

자동차와는 달리 이미 많은 사람들이 비행기 여행을 거부하거나, 설령 탑승하더라도 구체적인 공포 증상을 여럿 경험하고 있다. 고도로 숙련되고 엄격한 절차를 거쳐 자격증을 획득한 조종사가 운항하며 통계적으로 훨씬 안전한 항공기 여행보다, 자신이 모든 것을 통제하고 있다는 환상을 가질 수 있는 자동차 운전에서 더 편안함을 느낀다. 비록 자율 주행 자동차가 일반 자동차보다 99퍼센트 더 안전하다고 하더라도, 자율 주행 자동차도 동일한 공포를 가져와서 자율 주행 자동차에 대한 법제화, 대규모 배심원제 혹은 둘 다를 요구하는 일이 벌어질지도 모른다.

2. 복잡한 환경 문제

과거에는 이미 복잡하고 비용이 많이 투자된 기존의 도로에 센서를 추가로 배선하고, 자율 주행 자동차 전용 차로를 배정하며 그밖의 다른 기반 시설이 갖추어진 다음에야 자율 주행 자동차의 도입이 가능한 것으로 보였다. 그렇지만 기존 도로—비록 사전에 이미 잘 지도화되었을지라도—에 적응하는 최근 자율 주행 자동차의 능력을 감안할 때, 여러 종류의 자율 주행 자동차가 점차 대부분의 도로를 그대로 사용할 수 있을 것이다. 그렇지만 사슴이 뛰어 나오거나 아이들이 육교 위에서 물 풍선(혹은 더 위험한 것)을 집어 던지거나, 비닐봉지가 길을 가로질러 타격을 입히거나 혹은 스케이트보드 타는 사람이 뛰어들거나 때때로 보드 타는 사람이 도로에 있거나 도심에서 자전거 탄 사람이 매우 빨리, 예측하지 못하게 움직이는 예상 밖의 일이 도로에서 일어난다. (보행자나 온갖 자전거를 타는 사람들의 움직임을 예상하고 안정적으로 대응하기가 어렵다.)[20] 만약 자율 주행 자동차가 예상할 수 없는 모든 경우에 갑자기 정차한다면, 사람이 운전하는 일반 차량도 갑자기 정지한 앞차 때문에 후방 충돌이 일어나듯이 자율 주행 자동차도 뒤따르던 차 때문에 후방 충돌이 계속 일어날 수밖에 없다. 2009년과 2015년 사이에 발생한 구글 자율 주행 자동차 충돌 14번 중 11번이 후방 충돌이었다.[21]

구글은 일찍이 교통 법규를 완전히 준수하는 운전은 불가능하다는 사실을 알았다. 예를 들어 진입로를 통해 도로에 들어서면서 적당히 끼어들 자리가 나기를 기다리다 보면 운전자는 불만이 쌓인다. 이때 참을성이 없는 운전자는 갓길로 가게 된다. 비슷한 경우인데, 러시아에서는 교통 체증이 심각해서 운전자들이 자주 차선을 무시한다. 로스앤젤레스나 도쿄, 로마는 어떤가? 공사 현장이나 교통 사고 현장에서 라이더와 자율 주행 자동차 알고리듬은 현장에 설치된 교통 신호기나 때때로 발생하는 교통 경찰관의 구두 지시에 어떻게 대처해야 하는가? 어떤 알고리듬도 모든 운전 환경에 대처할 수는 없다. 그렇다면 자율 주행 자동차는 어떤 방식을 선택할 것인가?

구글 자율 주행 자동차 접근 방식에는 미리 작성된 주차장 및 구조물의 지도가 필요하다. 그렇지만 이러한 지도를 작성하고 저장하는 방식인 포인트 클라우드(point cloud)는 밀도가 높아야 할 뿐만 아니라 노동 집약적이다. 이러한 이유 때문에 주차장 및 구조물에서는 구글 자율 주행 자동차가 잘 운전할 수 없다. 더군다나 구글 자율 주행 자동차는 브레이크 라이트 및 비상 깜박임을 어떻게 인지할 수 있는가? 견인 트럭에 달린 표시등과 구급차에 달린 표시등의 차이점을 어떻게 알 수 있는가?[22] 인공 지능의 다른 분야와 마찬가지로 지도 읽기와 같은 '어려운' 문제는 상대적으로 쉽다. 바위와 판지 조각 사이의 차이를 알아내는 일 같은 '간단한' 문제가 예상보다 훨씬 어려울 수 있다.

날씨에 대처하는 일도 중요한 도전이 될 수 있다. 겨울에 내리는 눈은 차선을 가리거나 까다로운 그림자 또는 눈부심을 일으킬 수 있으며, 견인력에 영향을 미친다. 비는 센서의 좋고 나쁨에 관계없이 가시성을 제한한다. 물에 잠긴 도로와 진흙투성이 도로, 모래가 바람에 쓸려 표면에 깔리는 해안 도로에서 센서는 혼동에 빠질 수 있다. 사전 운전을 통해 도로 환경을 아무리 잘 지도화하더라도, 일어날 수 있는 모든 사건에 자율 주행 자동차를 대비시킬 수는 없다. 물론 사람에게 도움을 요청할 수는 있다. 어떤 경우에는 (예를 들어 즉각적인 비디오 링크를 통해) 도움이 될 수도 있겠지만, 자율 주행 자동차의 이상 탐지나 사건 처리는 일종의 멱함수 법칙을 따르게 될 것이다. 즉 5퍼센트의 지도 환경 차이가 자율 주행 자동차의 시스템 강제 종료, 충돌 또는 기타 실패의 80퍼센트를 유발할 수 있다.

3. 자율 주행 자동차의 경제학

이미 살펴본 바와 같이 자율 주행 자동차에 포함된 레이더, 휠 센서 및 컴퓨팅 소프트웨어, 하드웨어 비용에 초기 버전의 라이더 비용으로 인해 7만 5000달러가 추가되었다. 무어의 법칙과 대량 생산은 하드웨어 비용을 절감하는 데 도움이 될 수 있다. 시간이 지나면서 소프트웨어가 개선됨에 따라 안전에 관련된 이미지 처리 공유 라이브러리 및 관련 코드 묶음이 여러 하드웨어에 동시에 쓰일 수 있어 가격은 낮추는 데 도움이 될 수 있다.

예상하기가 더 힘든 것은 자율 주행 차량에 대한 보조금 또는 보조금의 부족이다. 운전자가 광고 목표 설정에 도움이 되는 정보를 제공한다면 구글은 비용의 일부를 부담할 수 있다. 구글의 가장 강력한 검색 기능이 데스크톱 컴퓨터에 있음을 감안하면, 미국인들이 일생 동안 매우 많은 시간을 보내는 자동차에 이목을 집중시켜서 핵심 수익원으로 광고주에게 광고 시청자를 판매하는 사업이 가능하다.

자율 주행 자동차의 기술이 입증되면, 보험 회사는 인간이 운전하는 자동차 보험료를 점점 더 올리게 될 것이다. 통계상 청소년과 노인처럼 자동차 사고 위험이 더 높은 운전자는 보험에 가입하기 위해 특정 상황에서 로봇 자동차를 작동해야 할 수도 있다. 다른 한편으로 주 정부와 지방 자치 단체는 차간 거리를 좁힘으로써 도로 기반 시설 비용을 낮출 수 있고, 또한 사고를 줄임으로써 경찰 및 응급 처치 요원 지출을 줄일 수 있다는 논리를 바탕으로 자율 주행 차량 구매자들에게 세금을 공제해 줄 수도 있다. 한 가지 예를 들자면, 워싱턴 D. C.는 연간 8000만 달러의 주차 위반 통지서를 발행한다고 한다.[23] 이와 같이 주차 위반 등으로 얻는 수익이 자율 주행 차량처럼 스마트해진 차량으로 인해 감소한다면 무엇으로 이 경감된 수익을 대체할 수 있을까?

또한 고려해야 할 여러 종류의 특수 이익과 이해 당사자들이 있다. 이미 강력한 힘을 보유하고 있는 미국 은퇴자 협회(American Association of Retired Persons, AARP)는 베이비 붐 세대의 노령화로 인해 영향력이 증가할 판인데, 이들은 안전성을 높이면서 노인들의 이동 자유를 향상시킬 수 있는 기회로서 자율 주행 차량을 환영할 수 있다. 다른 한편으로, 자신들의 영향력이 AARP만큼 강력하지 않을지 모르지만, 취미로 운전을 즐기는 사람들은 자율 주행 자동차가 운전의 자유를 제한한다고 판단해서 운전에 대한 '자유' 제한에 반대의 목소리를 낼 수 있다. 보험 회사는 자율 주행 자동차 기술을 쉽게 수용할 수 있다. 자율 주행 차량 수가 증가함에 따라 사고가 줄어들어 보험금 청구 및 지출이 크게 감소해, 보험료가 훨씬 저렴해질 수 있기 때문이다. 석유 회사는 전력과 통합함으로써 연료의 경제성을 더욱 개선하는 자율 주행 자동차 기술을 반기지 않을 것이다. 반면 리터당 주행 거리에 대한 미국의 까다로운 목표에 직면한 자동차 회사들은, 제조물 책임 보호가 보장된다는 단서를 달고 앞 다투어 자율 주행 자동차를 적용할 수 있다.

4. 정서적 측면

여론은 예측하기 어려운 것으로 악명이 높다. 자율 주행 차량 시장이 장기적으로 얼마나 탄탄할지는 불분명하다. 자율 주행 자동차에 대한 두려움, 열망, 또는 새로움 같은 것들이 어떤 나라에서 어떤 영향을 끼칠 것인지가 자율 주행 자동차의 성공에 중요한 역할을 할 것이다. 자율 주행 차량에 대해 만연한 정서는 언어, 이미지, 상징 및 대중적 논의에 내재된 지적 은유에서 일부 파생된다. '로봇 자동차(robocar)', '자율 자동차(autonomous vehicle)' 및 '자가 운전 자동차(self-driving car)'는 모두 동일하게 자율 주행 자동차를 의미하지만, 그중에서 더 널리 사용되는 용어와 의미가 자율 주행 자동차를 대중에게 수용되게 할지를 결정하는 중요한 요소가 될 것이다.

세상은 어떻게 바뀔까

사람들은 미래의 자율 주행 자동차 시대가 지금과 같을 것이라고 상상하고 싶어 한다. 그렇지만 자율 주행 자동차 시대는 상상하지 않은 결과를 초래할 수 있다. 결과는 은행 강도 탈출에 견줄 만한, 약간은 무서운 일이 될 수도 있고 매우 의미심장한 일이 될 수도 있다. 몇 가지 예를 들어 보자.

첫째, 자율 주행 자동차는 자동차를 자산이 아닌 운송 서비스로서 발전시킬 것이다. 자동차가 기본적으로 지상의 무인 운송 수단이 되어 사용자 편리성(집카(Zipcar) 같은 모형)이나 연비 절약(동반 승차)을 위해서, 또는 한산한 시간대의 고속 운전을 위해서 경로를 최적화했을 때 어떤 일이 생길지 생각해 보자. 도로 조건을 실시간으로 알려 주는 웨이즈(Waze)와 상용화된 최적화 소프트웨어(UPS 운전자가 좌회전을 피할 수 있게 도와주는 것과 같은 종류의 응용 소프트웨어),[24] 세금이나 혼잡 통행료 같은 기타 인센티브가 혼잡한 시간대의 교통 흐름과 보험료, 연비를 급격히 변화시킬 수 있다. 구글은 자율 주행 차량 및 우버 자동차 공유 서비스에 투자하고 있다. 두 사업 모형이 수렴한다면 여러 일이 생길 수 있다.

사람들은 미래의 자율 주행 자동차 시대가
지금과 같을 것이라고 상상하고 싶어 한다.
그렇지만 자율 주행 자동차 시대는 상상하지 않은
결과를 초래할 수 있다. 결과는 은행 강도 탈출에
견줄 만한, 약간은 무서운 일이 될 수도 있고
매우 의미심장한 일이 될 수도 있다.

둘째, 자율 주행 자동차는 고속 도로의 안전성과 공중 보건에 중요한 변화를 가져올 수 있다. 자동차 사고는 점차 완만하게 줄어들 것이다. 현재 자동차 사고는 미국에서만도 연간 500만 건이 넘는다. 자율 주행 자동차는 음주 운전을 하지 않고, 주행 중 문자 메시지를 보내지도 않고, 졸음 운전을 하거나 도로에서 차선 이탈을 하지도 않으며, 분노해 과속하지도 않는다.

셋째, 자율 주행 자동차로 인해 우리가 자동차에 지출하는 비용과 방법에 큰 변화가 생길 수 있다. 자동차를 사용하지 않을 때 얼마나 많은 자동차 비용이 지출되는지 생각해 보라. 또한, 대도시에 있는 조그만 주차 공간도 한 달에 수천 달러의 주차 비용을 벌어들인다. 자동차 대출, 보험 및 유지 관리는 거대한 사업이다.[25]

각 사례에서 보듯이 자율 주행 자동차는 사람들의 습관과 사업 이익, 정부 수입 및 지출, 공공 공간 할당과 그밖에 시민 사회의 다양한 측면을 바꿔 놓을 수 있다.

이제 얼마나 많은 사업과 활동, 일자리, 생계 및 기반 시설이 자동차와 관련되어 있는지 생각해 보라.

- 닛산(Nissan), 포드(Ford), 피아트(Fiat) 및 기타 OEM 자동차 제조 업체
- 패스트푸드 음식점
- 도로 건설
- 운전 교육 강사

- 주차장 보조원, 청소원 등
- 택시 운전기사
- 유료 도로
- 주유소와 편의점
- 쇼핑몰(대부분 대중 교통 수단이 거의 없다.)
- 미쉐린(Michelin), 보슈, 덴소(Denso) 또는 델파이(Delphi) 같은 글로벌 자동차 공급 업체
- 자동차 판매점
- 세차장
- 차고
- 빠른 오일 교환 업체
- 자동차 부품 소매 업체
- 자동차 보험 조정자, 감정인, 청구 전문가 및 보험업자
- 교통경찰
- 석유 탐사, 정제 및 유통
- 에탄올 채취를 위한 옥수수 경작
- 자동차 대출 서류 작성 서비스를 하는 은행원

이제 이와 같은 자동차 관련 사업을 생각해 보라. 어느 사업이 번창하고 어느 사업이 망할 것인가?

승자가 있다면

지도 제작 및 센서 회사는 자율 주행 자동차를 위한 필수 기반 시설을 제공할 것이다. 구글뿐만 아니라 보슈, 벨로다인 및 콘티넨털 같은 회사들은 기반 시설 분야에 투자하고 있다. 아우디, BMW, 다임러(Daimler)는 2015년에 노키아의 지도 제작 사업을 매입하기 위해 단합했다.

주차 공간을 획기적으로 줄일 수 있다면 도시 계획은 새로운 방식으로 개인 교통 수단을 수용할 수 있다. 주차에 많은 돈을 지출하는 병원 및 고등학교 같은 기관은 대규모 주차 공간을 다른 용도로 사용할 수 있다. MIT 연구에 따르면 일부 도시에서는 도시 면적의 3분의 1만큼이나 주차에 쓰인다는 사실이 밝혀졌다.[26] 또한 도심 내 자동차 운행을 금지하려는 도시가 많이 있는데, 이때도 자율 주행 자동차는 중요한 역할을 할 수 있다. 브뤼셀, 더블린, 헬싱키, 마드리드, 밀라노, 오슬로 같은 도시들이 모두 이러한 방향으로 움직이고 있다.

승객과 운송 서비스 제공 업체 간의 중개자 사업이 번창할 수 있다. 사용되지도 않은 채 오랫동안 정차해 있어야 하는 자동차를 사람들이 더는 소유하려고 하지 않을 때, 우버나 리프트 같은 승용 기반 모형은 분할 소유 제트기 소유권 같은 시간 공유 모형과 경쟁할 가능성이 있다. 집카 또는 허츠(Hertz)는 대여 시장에서 여전히 유용한 공급자가 될 수 있다.

개인 자동차로 같은 시간대에 출퇴근하는 사람들이 많지 않아 출퇴근하는 사람들이 집에서 더 많은 시간을 보내거나 이동 중에 더 생산적인 일을 할 수 있다. 출퇴근 시각과 출퇴근에 걸리는 시간이 이전과 동일하다 하더라도, 운전을 하지 않고 이동하면 운전 중에 혈압이 높아질 일이 생기지 않으며 생산성도 높아질 것이다. 또한 보행자 사고는 훨씬 줄어들 것이다.

미국 질병 통제 센터(Center for Disease Control, CDC)에 따르면 2013년에 미국 내에서 약 3만 4000명이 자동차 사고로 사망했다.[27] 또한 당사자가 병원 응급실에 가야 했던 자동차 사고가 2010년에는 400만 건이 발생했다.[28] 이러한 자동차 사고 관련 수치가 눈에 띄게 감소한다면 분명히 사회는 개선될 것이다.

자율 주행 자동차는 인간 운전자보다 낫다. 특히 자동차가 정지와 운전이 반복되는 상황, 즉 '꽉 막힌 도로'에서 조급하고 정보가 부족한 인간 운전자가 앞차와의 거리를 줄였다 늘리기를 반복하는 상황에서, '클라우드 자동차(cloud automobile)' 혹은 차량 간 통신이 이 문제를 경감할 수 있다. 자율 주행 자동차는 다른 차량과의 통신을 통해 교통 흐름을 개선할 수 있어서 주행 시간을 단축하고 연비를 향상시키며 순 에너지 소비를 감소시킬 수 있다. 클라우드 컴퓨팅과 마찬가지로 개별 자산을 통합해 공동 용도로 운영하면, 전체 비용이 절감되고 순 경상비가 줄며 자산의 활용도가 훨씬 높아진다.

자율 주행 자동차의 단점이라면, 자율 주행 자동차가 고장 날 때 발생하는 고비용을 고려해서 사설 항공기를 검사하고 인증하듯이 차량을 더 엄격하게 검사하고 인증해야 하며, 결함이 있는 것으로 확인된 시스템 회수가 더 광범위하게 시행되어야 한다는 것이다. 정부가 자율 주행 차량을 직접 검사하거나 검사 기관을 인증해야 한다.

유선 전화 기반 시설이 없던 국가가 미국보다 더 빨리 무선 전화 시스템을 채택했던 것과 마찬가지로, 기존의 도로에 자율 주행 자동차 관련 시설을 추가로 설치하지 않고도 자율 주행 자동차 기반 시설을 구축하는 국가가 더 유리한 입지를 선점할 것이다.[29]

패자도 있다

매일 22시간 동안 주차되어 있지 않고 주행하는 자동차는 자산 활용도를 증가시키기 때문에, 제조사는 아마도 자동차를 덜 판매하거나 다른 형태로 판매할 수 있다. (예를 들어 런던 택시가 더 널리 보급될 수 있다.) 교통을 서비스로 판매하는 잠재적 사업 모형도 있다. 예를 들면 방학을 맞은 어린이를 태우는 소형 밴, 봄에 정원 용품을 가져 오는 용달차, 주말 나들이를 위한 스포티한 자동차 및 스키 여행을 위한 SUV 자동차 등을 생각해 볼 수 있다. 고객은 차량을 소유하지 않고, 차량에 대한 정기적 사용을 신청하며 적절한 사용료를 지불한다. 공유 차량 한 대는 2015년에 개인 차량 15대를 대체할 것으로 추정되었다.[30]

마찬가지로 주차장도 덜 중요해질 것이다. 발레파킹은 미래에도 계속 남아 있다면 필요해서라기보다는 보여 주기용으로 유지될 것이다.

자동차 판매 및 대여는 개인 거래보다 집단 차량 또는 소형 집단 차량 형태가 더 일반적일 수 있는 기업 간 거래를 전문으로 해야 할 수도 있다. 이미 미국의 20대는 부모 세대가 구입한 차량보다 적게 자동차를 구입하고 있다. 불과 8년 만에(2001~2009년) 16세와 34세 사이의 미국 운전자가 주행하는 거리가 23퍼센트 감소했다.[31]

쇼핑몰은 이미 급격히 감소하고 있다. 1956년과 2005년 사이에 쇼핑몰이 1,500군데 건설될 때까지 장기간의 성장 단계를 거친 후, 미국 내 신규 쇼핑몰 건설이 중단되었다. 『새로운 소매 규칙(*The New Rules of Retail*)』을 쓴 로빈 루이스(Robin Lewis)는 인터넷 쇼핑의 영향으로 2025년까지 나머지 시설의 절반이 폐쇄될 것이라고 예측했다.[32] 쇼핑몰, 슈퍼마켓 및 기타 소매점 쇼핑에 대한 20세기 자동차 문화의 중요성을 감안할 때, 자율 주행 자동차는 미국 및 기타 지역의 경제 및 사업 형태를 재편하는 데 많은 영향을 미칠 것이다.

자동차 수리점 및 정기 점검 서비스 업체가 더 바빠질지 모르겠지만, 자율 주행 자동차의 비운행 시간이 줄어들기 때문에 택시 회사나 운송 서비스 회사가 자체 수리점을 운영할 가능성이 커질지 모른다. 자율 주행 자동차는 사고가 거의 발생하지 않기 때문에 차체 수리점은 더 한산해질 것이다. 사고 빈도와 피해가 줄어들어 자동차 보험 회사는 보험료 하락 압력을 받아 큰 타격을 입을 것이다.

지방 자치 단체는 과속 벌금, 주차 위반 (및 수수료), 운전 면허와 자동차 면허 발급 건수가 줄어들어 수입이 크게 감소할 것이다. 운전자가 줄어들고 개인 차량 수도 줄어들면서 교통 및 주차 위반이 적어지고, 주차 시간이 짧아지면서 지방 자치 단체의 수입, 경찰력 및 교통 기획이 15년 안에 모두 완전히 달라질 수 있다.

'운전 시간'은 특히 라디오 광고주에게는 중요한 시간이다. 문자 메시지와 비디오가 사람들이 통근 시간을 보내는 데 더 큰 역할을 하게 된다면 라디오는 더는 운전자 친화적인 오락 매체가 될 수 없다. AM/FM 라디오 방송국이 위성 라디오 및 디지털 스트리밍 서비스 영역에 길을 내어 주고 있는 기존 라디오 추세를 자율 주행 자동차가 더욱 가속화할 가능성이 높다.[33]

구글이 자율 주행 자동차 사용자(법적 시각 장애인인 스티브 마한(Steve Mahan))의 첫 번째 동영상에서 드라이브스루(Drive-through) 음식점 장면을 포함했다는 사실은 주목할 만하다.[34] 2009년 《보스턴 글로브(*Boston Globe*)》에서 발표한 맥도날드 대변인에 따르면, 맥도날드 가게를 이용한 드라이브스루 고객은 맥도날드 매출의 50~60퍼센트를 차지했다.[35] 이로 보건대, 자동차 주차 중심의 소매점 운영 방식을 바꿔야 한다.

택시 기사와 리무진 운전사라는 직업은 장기적으로 보면 위험에 처할 것으로 보인다. 택시를 타는 경우 한 번 탈 때마다 평균 비용이 8달러인 데 반해, 뉴욕에서 자율 주행 자동차를 타는 경우 평균 비용이 80센트이다. 바쁜 항구, 복합 운송 시설 및 하역장을 운행해야 하는 소형 트레일러 트럭 운전사는 연락선 조종사처럼 될 수 있으며 운행의 시작과 끝 부분만 담당할 수 있다.

따라서 내연 기관이 달린 유인 자동차가 세계 경제에 복잡하게 얽혀 있음을 감안하면, '특수 유형의 로봇이라 볼 수 있는 자율 주행 자동차 때문에 실업률이 증가하거나 감소하겠는가?'라는 질문에 확실하게 대답하기란 불가능하다. 현재의 일자리(일례로 택시 운전사)가 다수 사라질 수도 있는 반면, 완전히 새로운 일자리가 생길 수 있다는 것은 확실하다. 현재 여러 주에서 테슬라 영업 방식을 금지하고 있는 것을 보더라도, 자동차 문화의 주류를 형성하고 있는 회사들이 또한 자동차 문화의 전환에 영향을 미칠 것임이 분명하다.[36]

사양 산업이 될 가능성이 있는 산업 분야가 우리의 예상 밖일 수도 있다. 자동차 사고로 장기 및 조직 기증이 주로 이루어지기 때문에, 자율 주행 차량이 자동차 사고를 줄임으로써 장기 및 조직의 이식이[37] 필요한 사람들이 더는 자동차 사고에 의존하지 못하게 될 수도 있다. 물론 장기와 조직의 3차원 프린팅이 장기 및 조직의 이식이 필요한 사람들에게 대안이 될 수 있다고 예측하는 사람들도 있다.

트럭 운전사를 구합니다

미국 프린스턴 대학교의 경제학자 앨런 블라인더(Alan Blinder)는 2006년에 '차세대 산업 혁명'에 대한 영향력 있는 기사를 썼다. 기사에서 블라인더는 (제조업을 넘어서) 서비스 업종이 역외에서 수행될 것이라 썼다. 그의 사례는 자산 분석, 회계, 법률 연구, 방사선학 해석 같은 프로그래밍 및 전문적인 패턴 인식 업무를 포함하는 경향이 있었다. 공장의 해외 이전이 육체 노동자에게 영향을 미친 것과는 대조적으로, 서비스의 해외 외주는 다양한 소득 수준의 개인에게 영향을 미친다. 블라인더는 외주되지 않을 직종으로 간호 조무사와 트럭 운전사를 강

조하며 예로 들었다.[38]

미국 트럭 산업은 운전자가 부족한 상황에 처해 있다. 노동자의 10퍼센트만이 대학 학위를 갖고 있던 50년 전의 노동자에게 주어지던 직업 선택지보다, 오늘날 교육을 거의 받지 못한 노동자에게 주어지는 직업 선택지가 훨씬 적지만 트럭 운전은 여전히 선호되지 않는다. 혼자 운전해야 하는 점, 집에 잘 가지 못하는 점, 너무 오래 앉아 있어 고통스러운 점, 건강에 좋지 않은 음식을 섭취해야 하는 점 등이 모두 잠재적인 지원자들이 이 직업을 선택하려 하지 않는 이유이다. 더구나 운전자가 생각하는 것보다 더 엄격한 안전 및 운전 시간 요구 사항이 추가된다. 트럭 운전자의 평균 연령은 계속 상승하고 있으며(2013년 기준 55세) 2013년에는 미국에서 구인 공석이 2만 5000석에 달한다.[39]

자율 주행 트럭을 상상해 보자. 이라크와 아프가니스탄에서 폭발물에 의한 사상자가 생기지 않는 자율 주행 트럭의 군사적 이점이 즉각적인 것은 분명하지만, 민간 차원의 이점은 장기적인 것으로 보인다. 트럭 운전 임금은 여전히 연료 비용 및 자본 투자에 비해 상대적으로 낮다. 자율 주행 트럭은 10년이나 20년이 걸릴 수도 있다. 사실 메르세데스벤츠는 2015년 아우토반에서 시험 운전을 시행하고 2025년에 자율 주행 트랙터 트레일러의 출시 계획을 발표하며 법적 및 기타 승인을 기다리고 있다.[40] 그러나 '완전히' 자율적인 로봇 트럭을 계획하는 것은 아니며, 인간 운전과 로봇 운전 가능성 사이에는 많은 다른 형태의 인간과 로봇 간 협력 모형이 존재한다.

질문 있습니다

누가 책임을 져야 하는가?

자율 주행 차량에서 자율의 개념은 신중하게 생각할 필요가 있다. 군 지휘관을 태우고 있든 민간 가사 도우미를 태우고 있든 간에 로봇 차량은 항상 누군가의 명령을 수행하고 있다. 자율성은 상대적이며, 차량의 자율성은 차 열쇠가 주어진 10대 청소년의 자율성과는 다르다. 구글의 자율 주행 자동차는 아이스크림을 사러 갈 것인지, 영화관 또는 쇼핑몰에 갈 것인지를 결정할 수 없다. 일단 목적지가 주어지면 분명히 이 차량들은 경로를 최적화하고 도착 시간을 예측하며 교통량이 많은 경우 경로를 변경하거나 혹은 다른 유용한 작업을 수행할 수 있다.

따라서 한 가지 자연스러운 질문은 차량 사용자와, 사용자 자신이 사용하거나 소유하는 자율 주행 차량의 관계를 묻는 것이다. 특히 실질적으로 아무도 운전을 하고 있지 않을 때 차량이 해를 입히거나 뭔가를 사고로 부순 경우에 누가 책임을 져야 할까? 미국의 세계적인 정책 회사인 랜드(RAND, Research and Development) 연구소의 한 연구는 자율 주행 자동차 기술의 채택이 늦어지는 데에 책임 문제가 중요한 역할을 한다고 강조했다.[41]

자율 주행 자동차 사업 형태는?

자율 주행 승객 운송 차량의 사업 형태는 어떻게 될까? 택시 또는 우버는 사람들을 목적지까지 데려다 주는 서비스로 돈을 번다. 자율 주행 자동차는 돈을 받을 운전사가 없지만 이러한 형태의 사업 확장을 상상하기는 쉽다. 구글은 이미 수십억 달러에 달하는 볼거리 찾기(content navigation) 사업을 벌이고 있다. 구글 자동차 사용자가 택시 요금을 내는 대신 광고를 보는 것에 동의할까? 어떤 회사가 더 적극적으로, 또는 가장 유리한 방향으로 자율 주행 자동차 덕분에 운전에서 자유로워진 운전자에게 볼거리 중개를 하게 될까?

자율 주행 자동차의 제조를 기존 자동차 제조의 연속으로 생각해 보는 것은 쉽다. 실제로 많은 기존 자동차 제조 업체들이 운전자 경고 시스템, 잠김 방지 브레이크, 자동 병렬 주차 등 이미 사용 가능한 로봇 기술의 발전과 통합을 실험하고 있다. 그러나 승객의 관심이 콘텐츠나 주변 장치 같은 관련 자산에 있을 때는 어떻게 될까? 컴캐스트(Comcast)는 NBC 유니버설을 인수해 자사의 케이블 채널을 통해 방영할 수 있는 콘텐츠를 확보했다. 또 다른 예로, 소니는 가정용 오락물을 자율 주행 자동차에 통합할까? 삼성이나 마이크로소프트는 어떨까? 애플은 아이디바이스(i-device)의 주변 기기로 기존 자동차를 통합할 계획이다. 결국 자율 주행 승객 운송 차량 사업은 텔레비전, 스마트폰 또는 태블릿의 사업 형태에 더 가까울지 모른다.

일이 잘못되면 어떻게 될까?

자율 주행 차량은 소프트웨어로 작동한다. 그런데 소프트웨어는 절대로 완벽하지 않다. 안개, 비, 눈, 홍수 같은 날씨나 움푹 파이는 등의 도로 상태, 혹은 공사 중인 도로나 난폭 운전이 자율 주행 차량의 소프트웨어 시스템을 혼란시키면 어떤 일이 벌어질까? 얼마나 많은 사용자 입력이 가능할지, 비상 사태에는 소프트웨어가 차량을 제어할지, 시스템을 재부팅해야 할지, 심지어 밀어 넣을지 어떻게 알 수 있을까? 주유해 주는 사람이 없는 미국의 48개 주에서는 누가 차량에 주유할 것인가?

초기에 어떻게 설계를 결정할까?

경로 의존성은 강력한 힘이다. 초기 설계 결정은 미래 혁신의 전체적인 모습을 결정지을 것이다. 동기식 하드웨어를 빅 데이터 처리 플랫폼에 연결하는 구글의 접근 방식이 우세할까, 아니면 기존 제조 업체가 점차 새 센서를 추가하고, 더 많은 프로세싱을 통해 현재 상태를 외삽하게 될까? 주 정부 허가 및 규제 기관, 보험 회사, 승객 및 판매 업체 중에서 누가 실험 대상이 될까?

기득권층은 혁신 세력과 어떻게 경쟁할 것인가?

우버는 여러 도시에서 택시 리무진 회사를 상대로 경쟁해야 했다. 에어비앤비(Airbnb)는 뉴욕 주 정부에 고소당했다. 음반 업계의 압력 단체가 음악을 다운로드한 사용자들을 고소했다. 제너럴 모터스는 대중 교통 수단 확산을 저지하기 위해 전차 노선을 구입한 후 해체해 버렸다. 석유 회사들은 대체 연료에 대한 보조금에 반대해 로비 활동을 벌이고 있다. 다가오는 사업 경쟁에서 엄청난 재정적 이해 관계와 장기간의 사업 관행을 감안할 때 기득권층은 가만히 있지 않을 것이다.

지리적 특성은 어떤 역할을 할까?

어느 지역이 자율 주행 차량을 신속하게 채택함으로써 자연적으로 유리해질 것인지를 알기란 어렵다. 물론 교통 환경이 까다로워질수록 자율 주행 자동차 소프트웨어 프로그래밍 작업은 더욱 어려워진다. 그렇다 하더라도 적절한 기반 시설과 괜찮은 무선 통신망 시설, 필요한 수준의 경제력과 투자, 적절히 유연한 법 체계를 감안할 때, 상당수 국가가 기술 출시를 지원할 가능성이 있다. 시트로앵(Citroën), 미쉐린, 콘티넨털, 보슈 혹은 피아트와 같이 국내 명성이 높고, 정부 지원이 큰 국가 대표 기업들이 본국에서 다양한 자율 주행 차량 개발 프로그램을 주도할 수도 있다.

비용은 얼마나 들까?

승객의 안전을 확보하는 중요한 이점과는 별개로 자율 주행 자동차는 매우 매력적으로 출퇴근 시간을 단축하고 연료 소비를 절감하는데, 그렇다면 고객이 일터로 혹은 공항으로 가거나 야간에 외출할 때 비용은 얼마나 들까? 현재 핵심 센서는 규모의 경제가 아직 시작되지 않았고 계산 플랫폼은 실험적이며, 센서와 같이 새로운 운영 방식에 대한 투자는 예를 들어 경량 범퍼처럼 기존 플랫폼의 비용 절감으로 아직 이어지지 않았다. 실제로 로봇 시스템의 비용은 현재 자율 주행 차량의 기본 비용을 훨씬 초과한다. 아마도 2배일 것이다. 처음 차를 구매하는 구매자가 경쟁력 있는 비용 수준을 감안해서 자율 주행 자동차 구입을 고려할 때까지는 얼마나 걸릴까? 이 손익 분기점에 도달하기까지는 당연히 자율 주행 자동차 사업 모형 수준에서 상당한 혁신이 필요할 것이다. 자율 주행 자동차는 보조금 지원 같은 패키지 없이는 기본 기능을 장착한 기존 자동차의 직접적인 경쟁 상대가 될 것 같지는 않다.

현재를 넘어 사고하라

자율 주행 자동차에 관한 가장 큰 의문은 '우리가 현재의 한계, 비용 및 습관을 넘어서 사고할 수 있을까?'이다. 누가 새로운 관점에서 생각하고, 누가 개인 이동 장치를 완전히 재발명할 만큼 자유롭게 사고할 수 있을 것인가? 1990년대의 컴퓨터 용어를 사용해 설명하자면, 자율 주행 차량 플랫폼은 대안적인 형태의 이동성 방식에 대한 요구를 밝혀내고 해결할 수 있는 획기적인 방법을 담은 "혁신적 앱(killer app)"을 찾고 있다. 기술의 한계는 기존의 가정과 고정 관념보다 훨씬 빠르게 극복되고 있다. 반대로 기존의 가정과 고정 관념이 기술의 한계보다 훨씬 더 빠르게 극복되는 때는 언제인가?[42]

6강
피도 눈물도 없는 전쟁

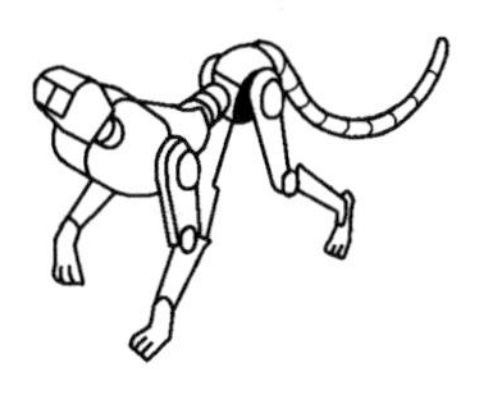

현대전에서 로봇 공학의 역할이 급속한 속도로 변하고 있다. 전쟁이 어떻게 벌어지며 전투가 어디에서 일어나는지, 양측 군인들에게 적용되는 위험은 무엇인지를 비롯해서 많은 전략적인 의미들이 재정의되고 있다. 전쟁과 관련이 있는, 탐색이 쉽지 않은 도덕적 문제 역시 더욱 복잡해지고 있다.

압도적인 힘으로

DARPA는 국방 연구를 전반적으로 위임받은 기관으로 미국 국방부의 연구 개발 조직이다. DARPA는 "국가 안보를 위한 획기적인 기술에 핵심적인 투자를 할 것"을 목적으로 하고 있다.[1] 로봇 연구가 중심이 되는 DARPA 내 전술 기술부(Tactical Technology Office, TTO)의 목적은 "비대칭적 기술 이점을 창출하고, 미군에 결정적인 우월성과 상대방을 압도하는 능력을 제공하는 새로운 원형이 되는 군사 능력을 신속하게 개발하는 것이다."[2] 조지아 공과 대학 로봇 공학 연구원 로널드 아킨(Ronald Arkin)은 전술 기술부의 목적이 상호 연관되어 있는 다음의 네 가지 목표를 촉진한다고 주장했다.

- 군사력 증강: 주어진 임무에 필요한 군인이 줄어들고, 이전에는 많은 병사들이 하던 일을 한 병사가 할 수 있게 한다.
- 전장의 확장: 전투가 이전보다 더 넓은 영역에서 수행될 수 있다.
- 군인의 전쟁 범위 확장: 병사가 더 먼 곳을 보거나 더 멀리 공격함으로써 전투 공간이 확장되어 더 깊은 침투가 가능하다.
- 사상자 감소: 매우 위험하고 생명을 위협하는 임무에서 병사를 배제한다.[3]

이러한 목표를 달성하는 것과 연관된 몇 가지 개념을 더 깊이 성찰할 필요가 있다. 첫째, '비대칭적 전쟁'은 21세기에 미국이 치르는 전쟁의 특징이다. 대조되는 전쟁 자원과 동기를 갖고 있는 양측이 싸우는데, 양측은 더욱 나은 자신들의 전쟁 자원을 활용하려고 노력한다. 가령 미군은 기술적 우위에 있는 전쟁 자원을 배치하고, 반군은 이데올로기의 호소력을 이용해 국민을 동원한다. 저항 세력이 이데올로기를 악용해 자살 폭탄 테러범을 정당화할 수도 있고, 학교나 병원 등을 인간 방패로 삼아서 미국의 기술적 우위를 약화시킬 수도 있다. 동시에, 미군 내에 특히 부족한 아랍 어 사용자와, 더 일반적으로는 아랍어권 문화에 대한 감수성과 이해의 결여는 이에 영향을 받는 집단의 '마음과 생각'을 사로잡기 어렵게 한다. 연합국과 추축국이 명분이나 무기에서 훨씬 더 대등했던 제2차 세계 대전에서 독일과의 공중전이나 일본과의 해전과는 달리, 현대의 비대칭적 전쟁은 단지 제2차 세계 대전 당시의 제트기 같은 더 나은 전투 장비뿐만 아니라 완전히 새로운 전투 양식을 찾는 것이다.

따라서 '전장의 확장'이라는 개념, 즉 '세 블록 전쟁'으로 알려진 이론적 구성은 1990년대에 도입되었다. 이는 육군 또는 해병대가 한 지역에서는 무력 전쟁을 수행하고, 인근 지역에서는 평화 유지를 수행하며, 가상의 지역인 세 번째 '블록'에서는 인도주의적 원조를 제공하는 가능성을 설명한다. 비록 그것이 문자 그대로의 전략으로서는 제 기능을 다하지 못하고 이라크에서 수행된 국가 건설 같은 필수 과제를 포함하지 않고 있지만, 현대전의 복잡성은 고전적인 군사 교리를 적용하기 어렵게 한다. 전장이 더는 '영토를 누가 정복하는가?'로 정의되지 않기 때문에, 특히 지상에서 무장군의 역할은 크게 바뀔 수 있다.

'군사력 증강(force multiplication)'에 관한 한, 현대의 육군 또는 해군 구성은 두 세대 전과는 상당히 다르다. 군 인명 피해를 대중이 반대해서 군 예산 편성 및 배치 정책이 바뀌었다. 군의 임무(법치 확립 대 지뢰 제거), 접근 방식(전방 전쟁 대 후방 반란 진압), 전쟁 동기(수송 라인 보호 대 테러와의 전쟁), 전투 요원(징병 대 여성과 다양한 성적 지향을 가진 사람들을 포함한 자원 입대자) 등 모든 면에서 2016년과 1976년은 다르다.

따라서 다양한 요인들이 전쟁용 로봇 공학 기술의 발전을 촉진할 수 있다. 로봇 기술과 과학에 수십억 달러의 방위비가 쓰인다는 것은, 방위와 관련 없는 여러 개발 사업들이 전장에서 필수 불가결한 요소들에 존립을 의존하고 있다는 것을 의미한다. 이러저러한 이유로 로봇 공학을 좀 더 보편적으로 적절하게 이해하려면, 군용 로봇을 더욱 자세히 들여다보아야 한다.

군용 로봇의 종류와 형태

로봇 공학이 군에 적용되는 범위는 매년 넓어지고 있다. 다음은 로봇 무기고의 목록이라기보다 군사 로봇의 기본 유형 및 형태를 소개한다.

비행 로봇

프레데터(Predator)나 훨씬 더 중무장한 리퍼(Reaper)는 직접 전투를 수행하는 데 사용되기도 했지만, 지금까지 무인 항공기는 주로 정찰 목적으로 사용되었다. 수동으로 발진하며 길이가 0.9미터인 레이븐(Raven)과, 길이가 13.5미터(회사 제트기 규모 정도이다.)이고 무게가 13.5톤가량 나가는 글로벌 호크(Global Hawk)를 비교하면, 무인 항공기의 크기는 몇 킬로그램부터 상당한 수준까지 다양하다. 어떤 무기를 탑재할지는 항상 마주치는 난제이다. 무인 항공기를 가볍게 유지하면서도 '최대로' 장비를 탑재하려면 센서 무게를 최소화해야 한다. 다른 한편, 단일 목적의 항공기는 적절하게 준비시켜서 유지하기가 더 어렵다. 특히, 현재 배치되는 것보다 몇 년 전에 조달된 경우에는 새로운 센서가 필요해질지도 모르기 때문이다. 따라서 많은 무인 항공기는 '요구 사항 변경'으로 어려움을 겪어 왔으며 성능 개선, 시간 연장, 혹은 예산 증액으로 인해서 계획된 것보다 더 무거워졌다.

미국 의회 예산국(Congressional Budget Office)이 2012년에 발표한 보고서에 따르면, 미군은 유인 항공기 1만 767대와 무인 항공기 약 7,500대를 보유하고 있다. 무인 항공기 중 5,300대에 달하는 대다수는 미국 육군의 레이븐이며, 이는 장난감 글라이더처럼 던져서 펼쳐지면서 발사되는 1.8킬로그램짜리 정찰기이다. 이 보고서에 따르면 2001년부터 2013년까지 무인 항공 시스템(Unmanned Aerial System, UAS, 무인 항공기를 작동시키는 데 필요한 '지상 제어 기지 및 데이터 망'을 포함한다.)에 지출한 금액은 총 260억 달러가 넘는 것으로 추산되었지만, 유인 항공기는 여전히 펜타곤(미국 국방부)의 항공기 조달을 위한 자금 중 92퍼센트 정도를 차지했다.[4] 2009년 F-22 유인 전투기 한 대의 예산으로 훈련 및 운용 비용이 현저하게 낮은 프레데터 무인 항공기 85대를 구입할 수 있었다.[5]

가장 많이 배치된 무인 항공기는 154쪽의 표 6.1에 제원과 함께 나열되어 있다.

표 6.1 2012년 가장 보편적으로 배치된 무인 항공기 제원.

명칭	기능	길이	날개 길이	비행 가능 시간	최고 비행 고도
글로벌 호크	감시	14.5미터	40미터	28시간	18.3킬로미터
프레데터	공격 및 감시	8.2미터	15~16.8미터	24시간	7.6킬로미터
파이어 스카우트 (무인 헬리콥터)	목표물 조준, 감시, 정찰, 화재 지원, 상황 인식	7.3미터	로터(rotor) 지름 8.4미터	최대 8시간, 완전 무장 시 5시간	6킬로미터
레이븐 (수동 발사)	상황 인식	0.9미터	1.4미터	60~90분	관련 없음

드론의 성능은 유인 항공기 및 인공 위성과 비교했을 때 다음과 같이 요약할 수 있다.

첫째, 드론은 인간 조종사 없이 적의 사정권을 넘어선 고도에서 한 번에 24시간부터 48시간까지 관심 지역 위를 비행하면서 고해상도 실시간 이미지를 제공할 수 있는 반면, 인공 위성은 상대적으로 짧은 시간 동안만 관심 영역 위를 비행하기 때문에 이미지나 기타 비밀 정보를 고해상도 또는 실시간으로 제공할 수 없으며, 훨씬 이전에 임무가 주어져야 한다. 드론의 장시간 비행 능력에는 많은 이점이 있다. 광범위한 실제 영역을 조사할 수 있고 더욱 작은 영역을 더 자세히 조사할 수 있으며 관심 대상을 추적할 수 있다. 다른 비디오 감시 시스템과 마찬가지로 앞으로 한 가지 과제는 수만 시간이 걸리는 이미지 처리를 자동화하는 것이다.

둘째, 유인 전투기와는 달리 드론은 공격 목표물에서 멀리 떨어져 있는 활주로에서 발사되고, 제자리로 돌아올 수 있다. 싱어는 『하이테크 전쟁』에서 "글로벌 호크는 미국 서부 샌프란시스코 시에서 이륙해서 동부 메인 주 전체에 걸쳐 테러리스트를 찾는 일로 하루를 보내고 서부로 다시 날아갈 수 있다."[6]라고 썼다. 조종사가 적의 공격 영역에서 벗어나 있기에 그에 따른 전략적 또는 외교적 위험을 피할 수 있다.

셋째, 드론은 인간 조종사를 위험으로부터 보호하고, 유인 항공기와 동일한 공대지 기능을 제공하며, 기계적으로 단순하기 때문에 비행 자체와 비행을 준비하는 데 더 많은 시간을 쓸 수 있다. 2009년 《워싱턴 포스트(*Washington Post*)》에 따르면 F-22 전투기는 비행 시간당 30시간의 유지 보수가 요구되는 반면,[7] 프레데터 드론은 국경 순찰 시나리오에서 비행 시간당 1시간의 유지 보수만 필요하다고 보고되었다. (전투 준비에 대한 수치는 알 수 없었다.)[8] 사실 드론은 조달 비용과 운용 비용 모두에서 훨씬 더 좋은 결과를 보여 주었다. 비록 전투기의 우월성을 내세울 수는 있지만, 지난 40년 동안 공대공 전투가 거의 없었음을 감안하면 국방 예산이 줄어들 때 유인 전투기는 고비용 제안이다.

넷째, 비행 학교 조종사에게 요구되는 장시간의 값비싼 비행 시간을 고려하면, 드론 조종사 훈련에는 훨씬 적은 비용과 시간이 필요하다. 드론은 인간 조종사가 지루함을 느끼고 정밀도가 떨어지는 작업을 수행할 가능성이 있는 일, 즉 넓은 영역에 거쳐 일상적인 패턴으로 비행하는, 마치 농부가 경작하는 것과 같은 단순한 일을 지치지 않고 수행할 수 있다. 생물이 아닌 물체는 인간 조종사가 견디는 것보다 큰 중력을 더 잘 견딜 수 있기 때문에 드론은 궁극적으로 유인 전투기를 능가할 수 있다. 또한 드론은 무인이기 때문에 인간 조종사의 생명이나 건강을 위험에 빠뜨릴 가능성이 없이 위험한 장소(방사능 오염 지역이나 화산 활동 지역, 적의 공격 지역)로 날아갈 수 있다. 실제로, 적의 방공포가 드론 때문에 추적 시스템을 켜도록 해서 적 방공포의 위치를 파악할 수 있도록 드론을 이용하는 것은, 특정 상황에서는 완전히 정당화된 전략적 맞교환인 것처럼 보인다.

다섯째, 드론이 가볍고 소형 엔진을 사용하기 때문에 이용이 쉬워지며 감지하기는 더 어려워지고 비용은 절감된다. 엔진이 작으면 소음이 적고 오염이 적으며, 연료 사용량이 적고 값이 싸고 부품 사양이 낮아질 수 있다. 항공기의 조종석에서 조종사를 없애면 설계를 단순화할 수 있고 무게를 줄일 수 있으며 감시 장치나 무기를 탑재하기 위한 모든 가용 자원(연료 포함)의 사용을 극대화할 수 있다.

해양 로봇

현재까지 바다는 공중이나 육지보다 더욱 무인 차량에 까다로운 환경이기 때문에 해양 로봇에 대한 소식이 별로 없었다. 바닷물은 부식성이 매우 높으며 바람, 조수 및 해류라는 특성으로 인해 항해를 자동화하기가 더 어렵다. 안개와 비는 여러 환경에서 로봇의 센서에 해롭고, 파도는 민감한 전자 장치에 무리가 될 수 있는 물리적 환경을 제공한다. 해양, 특히 수중 선박에 보안을 유지하면서 무선 통신을 통해 접근하기는 제한적이다.[9] 그럼에도 무인 선박이 해저 모니터링이나 지도 작성 같은 단조로운 업무나, 기뢰 탐지 및 폭발 같은 위험한 작업을 수행할 가능성이 충분하기 때문에 여러 가지 새로운 시도가 진행되고 있다. 현재까지 해군용 무인 항공기는 기술적, 역사적, 조직적 이유로 다른 군용 무인 항공기보다 적다.

무인 수중 차량(Unmanned Underwater Vehicle, UUV, "자율 수중 차량(Autonomous Underwater Vehicle, AUV)"이라고도 한다.)은 무선 신호의 한계로 인해 독립적으로 작동해야 하며, 저소음 무인 운전에 적합한 전원이 달려야 하고, 잘못되어 적군에 포획되어 아군에 대항하는 방식으로 악용되지 않도록 보호되어야 한다. 무기를 장착한 무인 차량이 장기 목표이지만, 감시 활동 및 기뢰 제거가 단기 목표이다. 예를 들어 리무스(Remus)는 노르웨이 회사가 만든 개조된 어뢰이다. 또한 기존의 잠수함에서 내보낸 소형 무인 수중 차량에 대한 보고가 있다. 리무스 제작 회사에서 만든 시글라이더(Seaglider)는 전기 모터가 아닌 부력을 이용해 움직이는데, 한 번에 여러 달 동안 바다에서 데이터를 수집할 수 있다. 이 데이터는 위성으로 전송된다.[10] 다른 경우와 마찬가지로, 연구에 필요한 데이터 수집과 군사적 응용 사이의 경계는 때때로 모호하지만, 현재까지 많은 무인 수중 차량이 과학 연구에 사용되었다.

새로운 무인 수중 차량 프로테우스(Proteus)가 해상 시험 중이다. 무게는 약 3톤이고 길이가 7.6미터이며 자율 모드 또는 유인 모드로 작동할 수 있다. 탑재량은 다양하지만, 실스(SEALs), 소형 폭탄 및 기타 화물을 수송할 수 있다. 프로테우스는 한 번의 배터리 충전으로 이론상으로는 1,450킬로미터를 갈 수 있고, 최고 속도는 10노트(시속 약 18.5킬로미터)이며, 수심 30미터 아래까지 내려갈 수 있다.[11]

무인 수상 차량(Unmanned Surface Vehicle, USV)인 스파르타 스카우트(Spartan Scout)는 속도를 시속 80킬로미터로 낼 수 있는 11미터 크기의 보트이다. 스파르타 스카우트는 다양한 종류의 센서를 갖추고 있고, 정체불명의 선박과 원격으로 대화하기 위해 스피커와 마이크, 50구경 기관총을 탑재하고 있다. 하지만 스파르타 스카우트는 리무스가 수행하는 기뢰 제거 작업보다는 정찰에 더 적합하다. 스파르타 스카우트는 2003년 이라크 전쟁 당시 페르시아 만에서 사용되었다.[12] 그렇지만 이스라엘 해군은 프로텍터(Protector)라 불리는 9미터 길이의 단단한 팽창식으로 된 최초의 무인 수상 차량을 먼저 배치했다고 주장한다.[13]

지상 로봇

지상 로봇은 지난 15년 동안 급속히 발전해 여러 '종류'가 부상하고 있다. 무인 지상 차량(Unmanned Ground Vehicle, UGV) 중 여러 종류를 구별하는 한 가지 방법은 이동 양식을 살펴보는 것이다. 휠 또는 트레드(tread)를 사용하는 무인 지상 차량이 한 집단을 형성한다. 다른 집단은 이동 양식으로 다리를 사용하거나 다른 이동 수단을 사용한다.

바퀴 달린 로봇 | 세계에서 가장 큰 로봇 차량은 현재 전투에서는 사용되지 않지만 광산 채굴에는 사용되는 700톤급 덤프트럭이다.

훨씬 더 작은 오시코시 테라맥스(Oshkosh TerraMax)는 사실 대부분의 비(非)광산 채굴용 차량을 기준으로 볼 때 꽤 크며, 군에서 공급 및 정찰을 위해 사용된다. 무게 및 기타 사양이 잘 알려져 있지 않지만, 이미 조절판(throttle), 브레이크 등의 시스템에 많이 쓰이는 '유선 조종(drive by wire)' 기술은 원격 제어 또는 자율 작동에 쉽게 적용할 수 있다.

크기 면에서 무인 지상 차량의 반대 극단에는 보스턴 다이내믹스가 개발한 '모래벼룩(Sand Flea)'이 있는데, 무게가 5킬로그램이며 스스로를 9미터 공중으로 올려 지붕 위에 올려놓을 수 있는 기체 피스톤을 가지고 있다. 또한 자이로 안정 장치(gyro stabilizer)는 비행 중에 사용 가능한 비디오 이미지를 잘 잡아낼 수 있도록 방향과 수평을 유지한다. 현재 개발된 모래벼룩은 눈과 귀의 역할을 할 수 있지만, 비슷한 플랫폼에 '스마트 수류탄(smart grenade)' 장착을 상상하기는 어렵지 않다.

트랙 로봇 | 트랙형 무인 지상 차량은 2001년 이후 중동 전쟁에서 최전방에 서게 되었다. 이 무인 차량의 대부분은 MIT에서 회사로 독립해 나간 보스턴에 있는 두 회사에서 생산된다. 그중 한 회사인 아이로봇은 수천 개의 사제 폭탄을 발견하고 해체하는 데 사용되는, 무게가 11킬로그램 나가는 원격 제어 추적 차량인 팩봇(PackBot, 그림 6.1 참조)을 만든다. 정찰 장치를 기반으로 만들어진 차세대 팩봇 및 이와 유사한 차량에 기계 팔과 집게를 추가해 작은 물체를 이동시키고 폭발물을 해체하거나 안전하게 폭발시킬 수 있다. 다른 모형에는 저격병 위치 파악을 위해 총기 발포 위치를 찾거나, 유해 물질, 독성 기체 및 방사선을 검출하거나 얼굴을 인식할 수 있는 다양한 센서, 카메라 및 소프트

그림 6.1 아이로봇의 팩봇. (사진 제공: 아이로봇)

웨어 구성이 추가되었다. 2013년 현재 이라크와 아프가니스탄에 장비 2,000대를 배치했다.[14]

아이로봇보다 훨씬 오래된, MIT에서 나와 독립한 두 번째 회사인 포스터밀러(Foster-Miller)는, 자신을 인수한 회사인 '퀴네티큐(QinetiQ)'라는 회사명으로 추적 무인 지상 차량을 만든다. 탈론(TALON) 무인 지상 차량은 어떤 경우 무게가 57킬로그램으로 팩봇보다 더 크고 빠르며 기능도 더 다양하다. 특히 탈론의 특수 무기 관측 정찰 탐지 시스템(Special Weapons Observation Reconnaissance Detection System, SWORDS) 버전은 배치가 제한되었지만 여러 가지 무기를 장착할 수 있다.[15] (그림 6.2 참조) 사용 가능한 무기 선택 사항으로 소총, 산탄

그림 6.2 퀴네티큐의 SWORDS. (사진 제공: 미국 육군)

총, 기관총 및 유탄 발사기가 있다.

SWORDS는 전투 지역을 정찰할 수 있는 최초의 무장 무인 지상 차량으로 여겨지지만, 더욱 일반적인 시나리오는 인간 병사가 위험 지역에 접근하기 전에 위장 폭탄이 설치되어 있다고 생각되는 건물, 동굴 또는 모퉁이 근처로 이동해 적을 살피는 역할을 맡는 것이다. 때로는 로봇이 수류탄이나 이와 유사한 폭발물을 들고 적진으로 가서 자신을 희생해 생명을 구하기도 한다.

더 많은 추적 로봇이 등장하고 있다. 아이로봇의 퍼스트룩(FirstLook)은 무게가 겨우 2.3킬로그램이며, 창문을 통해 던져지거나 혹은 비슷한 방식으로 적진에 투입되어 군인의 눈과 귀 역할을 하게끔 설계되었다. 리콘로보틱스 스카우트(ReconRobotics Scout)는 무게가 0.5킬로그램밖에 안 되고 중금속 바퀴가 달려 유리를 깨뜨릴 수 있게 설계되었으며, 30미터 이상 안전하게 던져질 수 있다. 스카우트는 착륙 시 자동으로 설 수 있게 설계되었으며 퍼스트룩과 마찬가지로 무선 네트워크를 통해 비디오 데이터를 전송한다. 2012년 2월, 미국 육군은 이런 '던질 수 있는 로봇(throwbot)' 1,100대를 주문했다.[16] 다른 정찰 로봇과 마찬가지로 스카우트도 전투에서 입증된 후 경찰 임무와 화재 진압 임무, 특수 경찰대(SWAT) 임무 및 기타 미국 내 공공 안전이 필요한 곳의 임무에 점차 빠르게 투입되고 있다.

다리 달린 로봇 | 아직은 지상군 로봇 중에서 새로이 부상하는 단계이기는 하지만, 다리 달린 무인 차량 로봇은 전투 로봇의 미래를 대표한다고 할 수 있다. 미국 국방부의 싱크 탱크인 DARPA는 MIT에서 분리되어 회사로 설립된 보스턴 다이내믹스에서 부분적으로 지원을 받아서 다리 달린 로봇 개발에 힘쓰고 있다. 보스턴 다이내믹스에서 제작한 홍보 동영상은 인상적이다. 치타 로봇은 러닝머신 위에서 시속 46킬로미터가 넘는 속도로 달리기를 했다. 짐 싣는 노새와 비슷하게 생긴 LS3 로봇은 잔디 깎는 기계만큼 시끄러운 소리를 내지만, 평평하지 않은 지면을 횡단하는 놀라운 능력을 보여 주었다.

2015년에 보스턴 다이내믹스는 일본 후쿠시마 원자력 발전소 사고와 같은 원자로 재해 시나리오에 대처하기 위해 DARPA 도전 대회에 출전하도록 설계된 휴머노이드 로봇, 아틀라스 II의 새 버전을 출시했다. 경쟁 로봇들은 잔해를 통과해야 하고 열, 방사선 및 기타 불리한 조건을 견딜 수 있어야 하며, 원자로에서 찾아볼 수 있는 밸브, 레버 혹은 그와 유사한 제어 장치를 조작해야 한다. 인간에 맞추어서 설계된 환경을 탐색할 때 다양한 손잡이가 달린 문을 열고 도구를 사용하며 복잡한 작업을 수행할 수 있어야 했다.[17] DARPA 도전 대회에 참가한 일부 팀 중에서 자체 하드웨어를 구축할 수 없는 경우, 아틀라스 로봇과 이전 모형(그림 6.3 참조)은 공유 플랫폼 역할을 했다.

생물학적 구조를 모방한 다른 로봇도 개발되고 있다. 기어가는 다리 달린 로봇은 전투 시나리오에서 더욱 유연하고 이동성이 뛰어나야 한다는 새로운 요구 사항을 충족하도록 설계되었다. 예를 들어 보스턴 다이내믹스에서 개발한 무게 14킬로그램의 RHex 로봇은 트레드 소재로 단단한 아치 모양으로 만들어진 여섯 다리를 움직여 매우 어려운 지형을 통과할 수 있다. (그림 6.4 참조) 사실 RHex는 심지어 도랑과 배수구도 통과할 수 있다. 도랑과 배수관은 공간이 협착해 일반적인 추적 로봇이 추적할 수 없는 장소이다. 보통 적군이 추적 로봇을 피해 사제 폭탄을 도랑과 배수구 같은 협착한 공간에 숨기기 때문에 도랑과 배수구 같은 공간을 추적하는 능력은 중요하다.[18]

사람 잘 죽이는 자율 로봇

현재까지 대중의 이목을 끌고 있는 대형 무인 항공기는 비디오를 연결해 사람이 원격으로 조종하는 무인 항공기이다. 레이븐같이 자

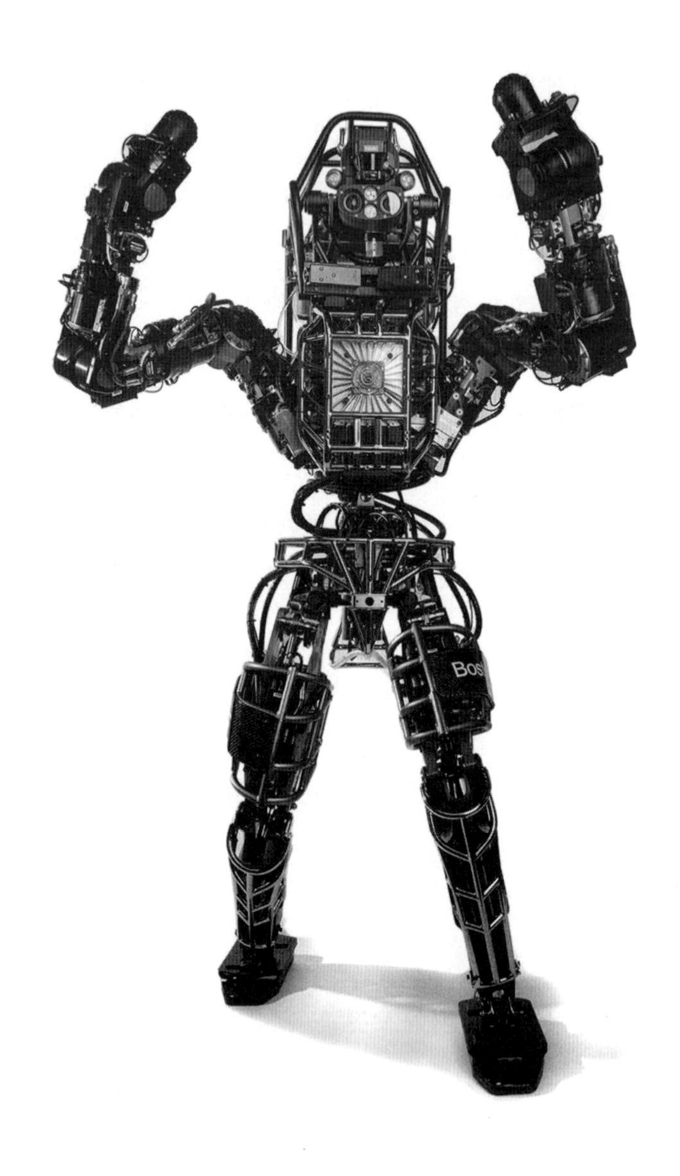

그림 6.3 DARPA 대회에 출전한 아틀라스 로봇의 초기 버전. (사진 제공: 보스턴 다이내믹스)

그림 6.4 RHex 감시 로봇. (사진 제공: 보스턴 다이내믹스)

율적인 소형 무인 항공기는 GPS로 비행할 수 있으며 자체적으로 착륙할 수 있지만, 단지 센서만 장착하고 있다. 미국 해군은 항공 분야에서 가장 어려운 과제 중 하나인 항공 모함에 성공적으로 착륙할 수 있는 차세대 반자동 무인 항공기 X-47B를 개발했다. 그러나 이착륙 이외에도 자율적 목표물 인식 및 무기 발사에 대한 논쟁은 이미 시작되었다. 팰렁스(Phalanx) 선박 탑재 요격 미사일 시스템은 기본적으로 다가오는 미사일을 탐지하고 기관총을 분당 4,500회 발사하는 로봇이다. (팰렁스는 독특한 모양 때문에 미국 해군에서는 R2D2로, 영국 해군에서는 달렉으로 알려져 있다.) 이러한 가공할 무기들이 등장하는데, 인간은 곧 닥칠 위협의 본질에 직면하려 하지 않고 회피하려고만 한다. 그러나 공수 무인 항공기로든 지상 기반 플랫폼으로든 사람을 공격하는 자율 로봇은 깊은 우려를 낳는 것 또한 사실이다.

인간 조작자와 살상 무기 로봇 사이에는 세 가지 형태의 기본 관계를 설정할 수 있다. 첫째는 '인간 관여(human-in-the-loop)' 구성 체계로, 인간은 무인 항공기 또는 다른 센서가 제공한 정보를 받고, 발사 기준이 충족되면 사용 가능한 모든 무기를 발사하도록 직접 명령을 내린다. 둘째는 앞의 인간 관여 구성 체계에서 한 단계가 생략된 '인간 관리(human-on-the-loop)' 구성 체계로, 살상 무기 로봇이 정보를 처리하고, 공격 목표물이 자율적으로 식별된 후에 로봇이 내린 결정을 인간의 관리하에 번복할 수 있다. 셋째는 미래에 개발될 '인간 무관여(human-out-of-the-loop)' 구성 체계로, 무기 로봇이 사람의 개입 없이 표적을 탐지, 선택 및 발사할 수 있다.

완전 자율 무기의 장점은 많다. 긴장된 경계 상황이나 다른 전시 상황에서, 완전 자율 무기는 인간이 기습 공격을 받을 가능성을 최소화한다. 한국의 남북 군사 분계선 지대에는 삼성(2015년 한화에 매각된 후 한화 테크윈으로 변경되었다. — 옮긴이)에서 제작한 반자동 살상 로봇이 이미 배치되어 있다. 로봇은 잠들지 않고, 가혹한 기후 조건에 무관하며, 적의 편이 되지도 않는다.

조지아 공과 대학의 로봇 공학자 로널드 아킨은 미국 육군, 해군과 기타 군 관련 기관이 주관하는 자율 로봇 개발에 참여하고 있다. 그는 로봇이, 요약된 다음의 여섯 가지 이유로 인간 군인보다 더 나은 군인이 될 수 있다고 주장한다.

첫째, 로봇은 "죽이거나 죽임을 당한다."라는 개념이 없기 때문에, 로봇의 알고리듬은 신병 훈련소 및 현장 경험을 통해 인간 군인이 배우는 것보다 더 보수적일 수 있다. 즉 로봇 전사는 인간 군인이 도덕이나 규칙 때문에 할 수 없는 방식으로도 자신을 희생하도록 프로그래밍될 수 있다.

둘째, 궁극적으로는 로봇 센서 시스템이 신뢰도가 더 높고 광범위하며 중복 체크가 가능하고 다른 센서와 네트워크 형식으로 더 잘 통합된다는 의미에서, 공포에 떨 수 있고 종종 혼란스러울 수 있는 인간의 감각 기관보다 낫다.

셋째, 로봇은 감정이 없으므로 인간 군인과는 달리 보복, 두려움, 히스테리가 공격 목표물을 결정하는 데 영향을 미치지 않는다.

넷째, 행동 심리학은 인간의 구조적 편향을 강력하게 보여 준다. 인간은 어떤 경우에는 보이지도 않는데도 불구하고, 우리가 보고 싶은 대로 보거나 또는 보는 것을 두려워한다. 로봇에는 이러한 편견이 없다.

다섯째, 처리 능력 향상, 알고리듬 향상 및 정보 과부하가 발생할 확률을 감소시켜 이루어진 센서 통합은 로봇 전사에 인간보다 더 나은 이점을 제공한다.

여섯째, 로봇은 공평할 수 있다. 로봇과 인간이 혼합된 팀에서 관찰 및 활동 기록 역할을 하는 로봇이 인간의 윤리 위반 혹은 기타 규칙 위반 여부를 점검하는 역할을 할 수 있다.[19]

아킨은 로봇 전쟁의 윤리적 실패 가능성을 놓고 솔직한 평가를 내린다. 로봇 전쟁의 기술적, 정치적, 인권, 운영에 관한 문제는 이제 막 연구되기 시작했다. 휴먼 라이츠 워치(Human Rights Watch)[20]와 유엔

(UN)[21] 같은 관련 공익 단체들은 로봇 전쟁에 다음과 같은 설득력 있는 이의를 제기했다.[22]

- 잘못된 정보나 누락된 정보, 속임수 또는 잘못된 상황 설명으로 인해 인간이 잘못 판단해 로봇이 민간인을 공격하는 위험성을 누가 평가할 것인가?
- 인공 지능에 적용된 규칙의 한계가 어떻게 인식되고 받아들여져야 하는가? 많은 아랍권 국가에서는 결혼식 같은 축하 행사에서 하늘을 향해 총을 발포하는 경우가 있다. 자율 항공기가 이런 결혼 축하장에서 벌어진 AK-47 총기 발포를 보고 보복하는 예를 상상하는 것은 어렵지 않다. 방금 든 예는 가설이지만, 다음은 실제 사례이다. 2008년에 미군 공습으로 인해 아프가니스탄에서 결혼식 파티에 참석하려고 신랑의 집으로 신부를 데리고 가던 결혼 축하객 중 어린이와 여성 39명을 포함해 총 47명이 사망한 것으로 보고되었다. 아프가니스탄은 사망자 중 알카에다(al-Qaeda) 또는 탈레반(Taliban) 관련자는 한 사람도 없다는 조사 결과를 발표했다.[23] 미국의 조사 결과는 공개되지 않았다.
- 로봇이 인간의 항복 신호를 인식하고 그 신호에 반응할 수 있을까? 어떤 문화에서는 로봇에 항복하는 것을 수치로 여길 텐데, 전투에 패배한 군인이 로봇에 항복할까?
- 로봇이 잘못 살인한 경우 책임은 누가 져야 할까? 로봇 제조

업체인가? 로봇 소프트웨어 프로그래머인가? 계약 관계자이기는 하지만 당시 전투에 참전하지는 않은, 로봇을 조작하거나 감독한 조종사 또는 비디오 분석가인가?[24] 현장 지휘관인가? 총사령관인가?

- 인명 피해 가능성이 낮아서 전쟁이 너무 쉽게 일어난다면 어떻게 될 것인가?
- 아주 짧은 시간에 많은 주식 거래가 결정되는 월스트리트처럼, 전쟁을 할지 혹은 전투를 할지 아주 짧은 시간에 결정을 내려야 할 경우 어떻게 될까? 이때 사용되는 알고리듬이 전투용이라면, 먼저 결정을 내린 편이 상당히 유리할 수 있다.
- 국가 간 전쟁에서 본국에는 거의 혹은 전혀 위험성이 없고 적국에만 있다고 한다면, 사람들은 전쟁이 부당하다고 생각할까?[25]
- 안면 인식, 치명적인 무기, 고무 총알이나 음향 무기처럼 치명적이지는 않은 무기, 잠재적인 전파 방해, 오경보 및 탐지 실패(false negative) 같은 기술적 문제는 만족스럽게 해결될 수 있을까?
- 로봇이 인간의 명령을 거부하거나 인간이 명령하지 않은 일을 하는데 인간 군인이 로봇의 결정을 번복할지 망설인다면 어떻게 될까? 1988년 이란 해안에 배치된 순양함인 USS 빈센스(Vincennes)에 장착되었던 초기 자동 유도 미사일 시스템 '이지스(Aegis)'가, 심지어 인간이 최종 발사 명령에 관여했음

에도 불구하고 민간 항공기를 목표물로 미사일을 발사해 승객 290명을 죽였다. 당시 그 지역에는 정보가 많지 않았으며 국제적 긴장감도 높았다. 따라서 만일 시스템을 어기고 미사일 발사를 최종 결정하지 않는다면, 적의 공격을 막아 내지 못할 것이라고 발사 결정권자가 당시에 우려했을지 모른다고 생각하는 것도 무리는 아니다.

- 정치적, 사회 심리적 또는 기타 예측 불가능한 이유로 로봇의 결정을 번복하거나 거부한다면 어떻게 될까? 영화 「닥터 스트레인지러브(Dr. Strangelove)」 시나리오에서는 어떤 일이 생길까?[26] (영화 「닥터 스트레인지러브」는 가상의 미국 공군 장군 잭 리퍼가 소련에 대한 선제 핵공격을 명령하고, 이 명령이 야기할 세상의 종말을 막기 위해 미국 대통령과 대통령을 보좌하는 합동 참모 본부, 리퍼 장군의 기지에 있던 영국 공군 장교인 맨드레이크 대령이 리퍼 장군의 명령을 취소하려고 시도하는 줄거리를 담고 있는 스탠리 큐브릭의 영화이다. — 옮긴이)
- 전쟁에 패배한 사람들이 로봇 때문에 전쟁에 진 것을 어떻게 받아들일까?
- 전투 로봇이 해킹당하게 될 때 어떤 일이 생길까? 미국 프레데터 무인 항공기의 동영상 전송은 간단하게 암호화되어 있어서 쉽게 적에게 해킹당할 수 있었다. 숨어 있던 이 악성 코드는 이미 마이크로프로세서에 내장된 것으로 밝혀졌기 때문에[27] 로봇도 붙잡힌 후 또는 침투를 통해 자국에 해를 끼칠 수 있게 해킹당할 수 있다고 믿는 것은 타당하다.

미래는 더욱 복잡하다

무인 차량은 전장에서 쓰이면서 많은 예기치 않은 결과를 낳았다. 다음 예는 지금까지 제기된 문제가 얼마나 광범위한지를 보여 준다. 미래는 더욱 복잡하게 전개될 것이다.

- 베트남 전쟁은 꽤 많은 영상이 텔레비전 네트워크의 야간 뉴스에 방송되어 '거실 전쟁'으로 알려졌고, 제1차 걸프 전쟁은 미사일과 스마트 폭탄이 이라크의 목표물을 생생하게 폭발시키는 장면을 야간 투시경이 영상으로 잡아내면서 '닌텐도 전쟁'으로 알려졌다. 그 후에 이라크와 아프가니스탄에서 벌어진 최근 전쟁은 드론으로 촬영한 영상이 유튜브를 통해 대중에게 알려졌다. 베트남 주둔 미군이 촬영한 거슬리는 비디오 영상물이 린든 존슨(Lyndon B. Johnson)과 리처드 닉슨(Richard M. Nixon) 미국 전 대통령에 대한 반대 여론에 일조한 것과 달리, 이라크와 아프가니스탄에서 미군이 친미적으로 촬영하고 유포한 '전쟁 포르노(war porn)'는 편당 조회수가 100만 회 이상을 기록했다.[28]
- 무인 차량의 조종사는 무인 항공기의 표적이나 적의 공격 발사체에서 수천 킬로미터 떨어진 조그마한 칸막이 안에 앉아 있기 때문에 물리적으로 안전하다. 그러나 정서적인 대가가 있다는 것이 이해되기 시작했다.[29] 12시간 동안 원격 전쟁을

치른 다음 교외로, 가족과 일상으로 돌아가는 것은 혼란을 준다. 무인 항공기 조종사들 사이에 결여된 '전우애'는 또 다른 문제이다. 고난을 서로 나누는 전우애는 조종사가 자신의 일터에서 느낀 격한 감정을 해소하는 데 도움이 되고는 했던 것이다. 미군이 매복한 적군에게 어쩔 수 없이 당하는 현장을 목격하는 경험은 특히 비참한 것으로 보고된다.[30]

- 무인 항공기가 제공하는 전술적 및 전략적 이점은 의도하지 않은 문화적 의미를 전달할 수도 있다. 미군 조종사에게는 전혀 위험이 따르지 않는 무인 차량을 보내는 것이, 적국에는 단지 기술적 우수성뿐만 아니라 비겁함까지도 보여 줄 수 있다. 인도의 무슬림 작가 무바샤 자베드 아크바르(Mubashar Jawed Akbar)는 "전쟁의 관점에서는 피를 흘리지 않으려는 자는 근본적으로 겁쟁이이다."라고 말한다.[31] 따라서 미군이 해를 입지 않도록 만드는 군사 기술이 적의 더 큰 저항과 반미 신념, 행동을 새로이 정당화하는 데 동기를 부여할 수도 있다.
- 휴대 전화 중간에 통신이 방해를 받거나 연결이 끊겨서 혼란에 빠져 본 사람에게는 군사 활동에서 무선 주파수(radio freqnency, RF) 환경을 이해하는 것이 심각하고 어려운 과제이다. 얼마나 많은 무선 에너지가 암호화된 통신, GPS, 비디오, 여러 기술로써 이루어지는 정찰, 레이더 및 앞의 모든 것에 대해 시도되거나 실제 있었던 전파 혼선의 형태로 생산되고 소비되는지를 감안할 때, 심각한 혼란이 발생하더라도 놀랄 일

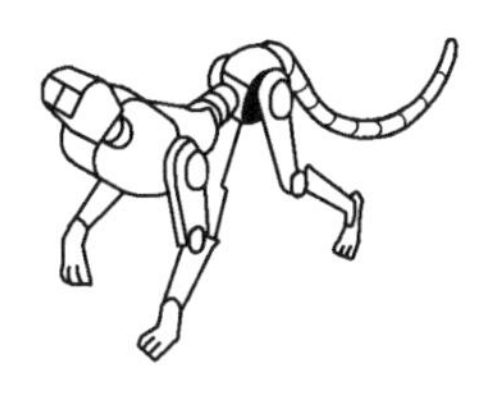

로봇 공학 실험실과 로봇의 대량 생산 공장이
내놓고 있는 사회적 문제들을 어떻게 논의할지
그 토론의 장을 만드는 일은 정치인, 입법자,
재판관 및 배심원, 전 세계 시민들에게
최우선 과제이다.

은 아니다.[32] 특히 통제된 시험에서 잘 혹은 무리 없이 작동하던 기계가 데이터 스모그와 같은 전투 상황 속에서는 잘 작동하지 않거나 아예 안 될 수 있다. 이러한 상황은 공유 기반 시설이 부족하고 암호화가 필요하기 때문에 단순한 메시지조차도 용량이 늘어나면서 기반 시설에 대한 요구를 더 증폭한다는 점 때문에 그렇다. 로봇 전쟁의 미래에서 한 가지 저평가된 측면은 무선 제어, 감시 및 무인 장치의 전파 방해와 관련된 혁신과 그에 대한 대치가 될 것이다.

선과 악의 사이에서

인류 역사를 통틀어 전쟁과 분쟁은 중요한 기술 발전을 가져왔다. 화약, 증기선, 항공기, 원자력, GPS와 인터넷은 그러한 혁신 중 일부에 불과하다. 이전의 다른 군사 장비와 마찬가지로 무인 군사 장비는 선악의 잠재성이 크다. 드론 항공기는 인도적 구호의 개념을 바꿔 놓을 수 있다. 다리 달린 지상 로봇은 초인적인 소방관이나 재난 구조자로 보일 수 있다. 반면에 살상 로봇은 마약 거래 마피아, 종교 극단주의자 또는 비행 청소년에 비할 수 있다. 로봇 공학 실험실과 로봇의 대량 생산 공장이 내놓고 있는 사회적 문제들을 어떻게 논의할지 그 토론의 장을 만드는 일은 정치인, 입법자, 재판관 및 배심원, 전 세계 시민들에게 최우선 과제이다.

7강
쇼 미 더 머니 로봇

거의 50년간 로봇이 공장 조립 라인 업무를 수행해 왔음을 감안할 때, 생산성 및 고용과 로봇 간의 관계에 대해 알려진 바가 거의 없다는 사실은 다소 놀랍다. 로봇 공학이 조립 라인에서 공급 망과 마침내는 서비스 시장으로 영역을 확장해 가면서 로봇의 사용은 더 많은 사람들에게 영향을 미친다. 이로 인해 이 주제는 아마도 주류 논의에 더 근접하게 될 것이다.

우리의 일자리를 빼앗아 갈까?

당신이 1890년에 살고 있는 기술가라고 생각하고, 30년 후인

1920년 뉴욕 시에서 나온 말똥의 양을 추정해 보라는 요구를 받았다고 해 보자. 선형 외삽 추정법(linear extrapolation)에 따라 사고 실험을 해 보면 말똥의 양과 관련해 매우 끔찍한 결과가 나온다. (물론, 실제로 일어나지는 않았다.) 다행히도 자동차의 발명과 대량 보급 덕분에 1920년 당시 배출될 수 있었던 말똥의 엄청난 양이라는 외부 효과(externality, 공장의 오염물 배출과 같이 비용을 발생시키는 주체가 부담하지 않고 사회가 떠안아야 하는 부담이나, 반대로 사회에 혜택을 제공한 주체에게 시장 관계에 따라 보상되지 않는 혜택을 말한다.—옮긴이)가 변화할 수 있었고 교외 주택 단지가 마련되었으며, 맥도날드와 같은 패스트푸드점이 생겨났고, 고속 도로가 만들어졌으며, 수십 가지의 다른 사회적 변화들이 생겨났다.

오늘날 정보 기술과 로봇 공학 기술이 실업에 미치는 영향을 논할 때에도 앞에서와 동일한 상황을 볼 수 있다. 예컨대 ATM은 은행 창구 담당 직원의 실업을 초래한다고 쉽게 가정된다. 버락 오바마(Barack H. Obama) 미국 전 대통령 또한 2011년의 연설에서 이를 암시한 바 있다. 하지만 증거는 현실이 그 반대라고 이야기한다. 은행 창구 담당 직원의 수는 ATM 기술이 만들어진 초기 20년간 45만 명에서 52만 7000명으로 증가했다. ATM 기술이 없었다면 더 커다란 일자리 증가가 있었을지 없었을지는 알 수 없다.[1] 로봇과 자동차 관련 직업들에도 동일한 점이 적용된다. 디트로이트 시의 실업 상황에는 다양한 원인이 있다. 일본과 한국 자동차 기업들의 부상, 일부 국가에서 자동차 산업 '국가 대표 기업들'의 시장 퇴출을 가로막는 지속적인 보조금 지급, 감소하는 자동차 보유율, 미국 중서부 산업 지대 바깥의 노동 조합 상태, 빅 스리(Big Three, 미국의 3대 대형 자동차 제조 업체인 제너럴 모터스, 포드, 크라이슬러(Chrysler)를 가리킨다. ─ 옮긴이)가 노동 경제학에 미치는 연기금과 의료 보험 부담 효과 등을 감안하면, 로봇의 이용만을 결정적인 실업 요인이라고 지적할 수는 없다.

셀프 서비스 주유소와 ATM은 인간-로봇 동반자 관계의 초기 사례들이다. 아마존닷컴에서든, 주유소에서든, 공항의 자동 탑승권 발급기에서든, 숙박 업소의 자동 체크아웃기에서든, 셀프 서비스는 고용에 영향을 미쳐 왔다. 하지만 셀프 서비스의 미묘하고 장기적인 효과를 설명하는 것은, 불가능하지는 않지만 어렵다. 로봇이 고용에 미치는 효과는 측정하기 어려울 것이다. 특히 로봇의 인간 조종사, 기계공, 프로그래머, 혹은 다른 관리자들을 포함해 추정해야 하기에 그렇다. 단순 추정치의 숫자들만으로는 제한된 가치를 가질 것이며, 특별히 대조군(control population)이 있을 수 없는 국내 총 생산(GDP)과 국내 고용 수치의 층위에서 대안적 추정치들과 비교될 필요가 있다.

하지만 지금까지의 주요 발견을 강조하는 것은 중요하다. 농업이 산업화되면서 도시로 이주한 농민들과 달리, 우리에게는 컴퓨터가 노동과 고용에 미치는 효과를 가시적으로 보여 주는 지표가 드물며 로봇의 효과를 보여 주는 지표는 더욱 드물다. 로봇은 실업률을 증대시킬 것인가? 실제로는 아무도 모른다. MIT의 에릭 브리뇰프슨(Erik Brynjolfsson)과 앤드루 맥어피(Andrew McAfee)는 공저 『기계와의 경쟁(*Race Against the Machine*)』에서 디지털 혁신이 속도가 빠르고 영향력이 광대한 탓에, 대부분의 사람들(기술과 지식은 천천히 수련된다.)과 조직들(기업의 업무와 절차 역시 빠르게 변화하지 않았다.)이 혁신을 따라잡지 못했다고 제시한다.[2] 따라서 2008년 불황으로부터의 '고용 없는 회복'을 정보 기술의 탓으로 비난할 수는 없다. 하지만 정보 기술이 아무 역할도 하지 않았다고 말할 수도 없다.

어떤 사람들은 정보 기술의 진보가 미국 노동력의 '공동화'와 함께 일어나고 있으며, 어쩌면 이 현상에 정보 기술의 책임이 있을지 모른다고 본다. 중산층의 정체된 임금 성장은 잘 알려져 있으며, 아마도 이에 영향을 미치는 요인에는 다수가 있을 것이다. 이 요인들 중 하나로, 컴퓨터가 더욱더 복잡한 업무들을 수행하며 과거에 작업 지침을 가지고 그 업무를 수행하던 사람들을 대체해 간 사례를 들 수 있다. 예컨대 잘 수행될 때조차도 경쟁 우위를 갖지 못하는 핵심 기능인, 오토매틱 데이터 프로세싱(automatic data processing, ADP)과 다른 기업들에 대한 고용 부문 외부 조달(outsourcing)의 확산은, 고용되어 급여를 일정하게 받는 직원들을 거의 완전히 사라지게 만들었다.

MIT의 경제학자 데이비드 오터(David Autor)는, 새로운 형태의 업무는 사람에게 맡겨진다고 주장한다. 사람에게는 적응력과 분석력, 임기응변이라는 대처 능력이 있기 때문이다. 그 업무가 더욱 잘 이해되고 정식화되어 가면서 기계들이 그 일을 넘겨받을 수 있다. '가운데에 뚫린 구멍(hole in the middle)'이란, 이처럼 육체 노동에 매우 가까운 저임금 일자리도 아니면서, 매우 인지적인 측면을 갖는 고임금 일자리도 아닌 취약한 일자리들을 가리킨다.[3] 불운하게도 자신들의 직업이 대체되는 노동자들은 어떤 새로운 범주 안에서 이런저런 직업이라도 발견하려고 고투한다. 그와 같은 직종의 노동자들은 지리적으로 이동 가능하지도 않고(때로는 가족적인 유대감 때문에, 아니면 대출 담보물의 가격 추락 효과(underwater mortgage) 탓에), 자신들의 숙련 기술은 유용할지 모르지만 자신들의 전문적 어휘력, 인맥, 기대 소득은 별 소용이 없는 직업들에 안착할 수도 없음을 경험은 보여 주고 있다. 직업의 하향 이동은 어려운 적응 문제를 요구한다.[4]

일자리를 만들거나, 빼앗거나

이런 상황에서 전통적으로 논의되는 경제학 이론은 노동 절감 혁신이 노동자들에게 부가 가치가 더욱 높은 작업을 수행할 자유를 준다고 제시한다. 즉 처음에는 말들이, 나중에는 트랙터가 더 큰 농지를 경작할 수 있게 되면서 농민들이 작은 쟁기에 의존해 손으로 땅을 가는 일을 멈출 수 있었다는 것이다. 오늘날에는 농업에 종사하는 대략 2퍼센트의 미국인이 나머지 98퍼센트가 먹을 수 있는 식량을 생산할 뿐만 아니라, 추가로 많은 양의 곡물과 식량을 수출한다. 그와 같은 비율은 100년 전만 해도 생각할 수 없었을 것이다.

오터는 중요한 점을 지적한다. 즉 단지 어떤 작업이 자동화될 수 있다는 것 자체는 그 작업이 자동화될 것을 의미하지 않는다. 동일한 산업 내에서, 그리고 실로 동일 기업 내에서, 자동화는 노동 경제학에 의존한다. 자동차 회사 닛산은 인건비가 크게 낮은 인도의 공장에서 사용하는 것보다 더 많은 로봇을 일본의 공장에서 사용한다.[5] 2013년에 일본의 실업률은 4.0퍼센트였고 이는 미국의 실업률 7.4퍼센트와 대비된다. 한편, 같은 해에 국제 로봇 연맹은 미국이 일반 노동력 1만 명당 로봇 152대(10년 전인 2003년에만 해도 단지 로봇 72대를 이용하던 것에서 상승하기는 했다.)를 이용하고 있는 데 반해서, 일본은 노동자 1만 명당 로봇 323대를 이용하고 있다고 보고했다.[6] 이처럼 거시적 수준에서, 일본은 미국과 비교해 노동력 대비 2배 이상 많은 로봇을 가지고 있었으며 실업률은 거의 절반 수준이었다. 최소한 이 사례로 볼 때 로봇이 반드시 더 높은 실업률을 낳는다고는 입증하기 어려워 보인다.

하지만 일본 경제는 대부분의 측면에서 미국 경제와 유사하지 않다. 두 나라는 인종적 다양성, 인구 밀도, 채취 산업(광산업, 농업, 어업, 에너지)의 상태 및 수출 대비 수입의 비중 등에서 현저하게 다르다. 일본은 더 빠르게 고령화하고 있으며, 이민자를 훨씬 더 적게 받는다. 그리고 두 나라에서 로봇을 대하는 태도는 극도로 상이한 문화적 환경에 따라 조건 지어진다. 이처럼 로봇이 더 높은 실업률을 낳지 않는다는 결정적인 예로 일본을 인용하는 것은 성급할 수 있다. 로봇이 '노동 예비군'이 되며, 임금에 대한 하방 압력을 유지한다고 하는 시나리오를 상정하는 것 역시 쉽다. 즉 앞서 언급한 인도의 자동차 노동자는, 닛산이 임금이 충분히 높아질 때를 대비해 로봇의 도입을 준비하고 있다는 사실을 알게 되면 웬만해서는 파업을 하려고 하지 않을 것이다.

공장들

지금까지 로봇은 미국 노동 시장에서 어떻게 사용되어 왔는가? 자동차 산업이 주도적으로 로봇 노동자를 이용하고 있다는 보고를 감안하면, 이 질문을 살펴보는 일은 (있을 수도, 혹은 없을 수도 있는) 더 큰 양상을 파악하는 데 도움이 될 수 있다. 현재까지 로봇은 프로그램된 반복적 업무들을 수행하며 마치 기계적 도구들과 매우 유사하게 행동한다. 무거운 물건들을 나르고 페인트 도장 일을 하며 조립 라인에서 부품들을 설치한다. 일반적으로 로봇은 고정되어 있고, 무거우며, 특정한 목적을 지향하고, 인간의 안전을 지키기 위해 보호 장치들이 설치되어 있다.

몇 가지 떠오르는 추세는 새로운 세대의 로봇 노동자를 채택하도록 제안한다. 리싱크 로보틱스의 백스터는 2012년에 출시되었다. 백스터는 전통적인 산업용 로봇과 다르게 매우 저렴하고(약 2만 5000달러), 사람들 주위에 두어도 안전하며, 쉽게 프로그램되고, 다기능적이다. 백스터가 목표로 하는 시장은 중소 사업체들이다. 거기서 로봇은 노동자들이 더 흥미롭고 더 가치 있는 일을 할 수 있게끔 자유를 준다. 예컨대 이는 단지 조립 라인에서 물건들을 집어 옮기고 상자나 운송 화물 박스에 집어넣는 일과는 상반된다. 백스터는 사람들을 반복적이고 지루한 일에서 자유롭게 해 줄 뿐만 아니라 인간 노동의 흐름 안에서 설치되도록 고안되어 있다. 치명적인 위해를 가할 수 있는 조립 라인 로봇들과 다르게, 백스터는 접촉을 감지하며 인간에게 위해를 주지 않을 수 있는 것이다.

공급 망

또 다른 추세는 공급 망 로봇 공학 시스템에서 발견할 수 있다. 이것의 가장 가시적인 사례는 보스턴에 소재한 회사로서, 2012년 아마존에 인수되고 현재는 아마존 로보틱스(Amazon Robotics)로 개명한 키바가 만들었다. 키바는 인간-로봇 동반자 관계의 완벽한 사례이다. 인간의 눈과 두뇌는 로봇이 감지하는 것보다 패턴을 훨씬 더 잘 감지한다. 그리고 인간의 손은 감촉과 적응성, 민첩함을 현재 로봇 집게가 지닌 능력을 훨씬 능가하는 방식으로 결합한다. 다른 한편, 로봇은 미리 조율된 방식으로 커다란 물품을 옮기고 바닥 위의 바코드 스티커를 추적하는 등의 반복적인 업무에서는 인간보다 낫다. 이처럼 키바는 물품을 직접 건드리는 일은 없으나, 대신 소매 물품이 놓인 선반을 내용물을 담는 영역에서 보관 영역으로 옮기고, 보관 영역에서 선별 및 포장 영역으로 옮기는 일을 한다. 인간 노동자는 거대 유통 센터를 특징짓는 긴 거리를 걸어 다닐 필요가 없다. 로봇은 외관 식별이나 작은 물품 선별 같은 어려운 업무를 수행할 필요가 없다.[7]

아마존이 얼마나 예측 불가능한 방식으로 행동하는지를 고려한다면, 아마존이 자신의 글로벌 유통 센터 망이 급속히 확장되는 가운데 키바를 항상 활용하지는 않았다는 점은 중요하다. 거대 기업을 인수할 때 인수된 기업이 어떤지를 알아내는 데 수년이 걸린다는 점을 제외한다면, 이 명백한 부조화를 설명하는 한 방법은 아마존이 기계적인 도구들 자체보다 키바 배후에 있는 소프트웨어의 정교화에 더 관심이 있다는 것이다.[8] 2007년의 한 기사는 이 점을 지적했다. 즉 키바가 설치된 도매점은 자기 조정 중이며, 여기서 더 늦게 팔리는 품목들은 접근이 덜 용이한 구역으로 옮겨 가고, 더 빨리 팔리는 품목들은 창고 영역의 우선 순위 지역에 적재된다는 것이다. 키바는 하루에 24시간 내내 일한다. 따라서 경기 불황기에 잘 팔리지 않는 물품을 옮기는 등의 일은, 여러 우선 순위를 놓고 고심하는 인간 관리자보다는 소프트웨어가 더 잘 할 수 있다. 기사의 제목인 「임의 접근 저장고(Random access warehouses)」는 이 요점을 명확히 했다.[9]

큰 그림

경제사를 읽다 보면 다음과 같은 점을 알 수 있다. 어떤 업무가 기계화되거나 자동화되는 경우, 노동자들은 노동력에 포함될 수 있는 새로운 방식을 찾아낸다. 하나의 주목할 만한 사례를 보자. 1970년 미국 노동력 중 여성의 3분의 1은 비서였다. 개인용 컴퓨터 및 워드프로세서 소프트웨어의 도입으로 비서의 필요성은 이후 크게 감소했지만, 고용된 여성들의 전체 숫자는 증가했다.

1992년, 로버트 라이시(Robert Reich, 미국 빌 클린턴(Bill Clinton) 행정부에서 노동부 장관을 역임했다.)는 선진국 경제에서 세 가지 층으로 구성된 노동 시장의 등장을 예견했다.[10] 라이시는 개인 서비스 일자리(그는 두 가지 사례로 헬스 케어와 소매업을 들었다.)로 논의를 시작했는데, 여기에 축소되고 있는 제조업 부문의 생산직 노동자를 중심으로 한 제2층 노동 시장 일자리를 추가했다. 그리고 제3층 노동 시장 일자리로 그가 "상징 분석가(symbolic analyst)"로 명명한 일자리의 부상을 예견했다. 제3층은 금융 서비스, 엔지니어링, 소프트웨어, 법률 서비스를 포함한다. 이 부문의 종사자 수가 크게 치솟은 후에, 여기에 속하는 일자리는 자동화되고 있다. 즉 빅 데이터 도구들은 인간을 대체하고 있는데, 인간들은 신용 평가 점수를 부여하거나 유방 엑스선 사진을 판독하는 등의 일을 기계만큼은 잘 하지 않는 것으로 나타난다. 《이코노미스트(*Economist*)》가 2013년 5월 기사에 썼듯이, "은행원들과 여행사 직원들은 이미 수천 명 단위로 쓰레기통에 처박힌 상태이다. 교사, 연구원, 작가는 다음 순서이다."[11] 회계와 법률 직종은 현재 해외에 외주되면서 자동화되고 있다. 법률 서비스 업무 중 증거 개시(legal discovery) 업무는 과거 노동 집약적이었고, 따라서 (고객에게는) 값비싸고 (산더미 같은 업무 시간에 대한 비용 청구 작업을 법률 업무 보조인들에게 맡기는 변호사들에게는) 수익성이 높은 업무였다. 현재 이 작업의 많은 부분이 소프트웨어로 수행될 수 있다.[12]

라이시가 앞에서와 같이 예견한 이후, 미국 소득 불평등의 정도는 상승해 왔다. (그림 7.1 참조) 소득 상위 20퍼센트의 소득 또한 상위 5퍼센트의 소득이나 심지어는 상위 1퍼센트의 소득이 대부분을 차지한다. 즉 공립 학교 교사 두 명으로 구성된 한 가구가 14만 달러를 소득으로 벌 수 있지만, 이 중간 소득 집단이 여기서 소득 상승의 추동력은 아니다. 대신 많은 경제학자들은 거대한 소득의 취득과 이에 따른 소득 불평등의 거대한 증가는 노동 수익보다 더 큰 자본 수익에서 나온다고 주장한다.[14] 임금 연관 소득 성장을 크게 웃도는 투자 연관 소득의 상

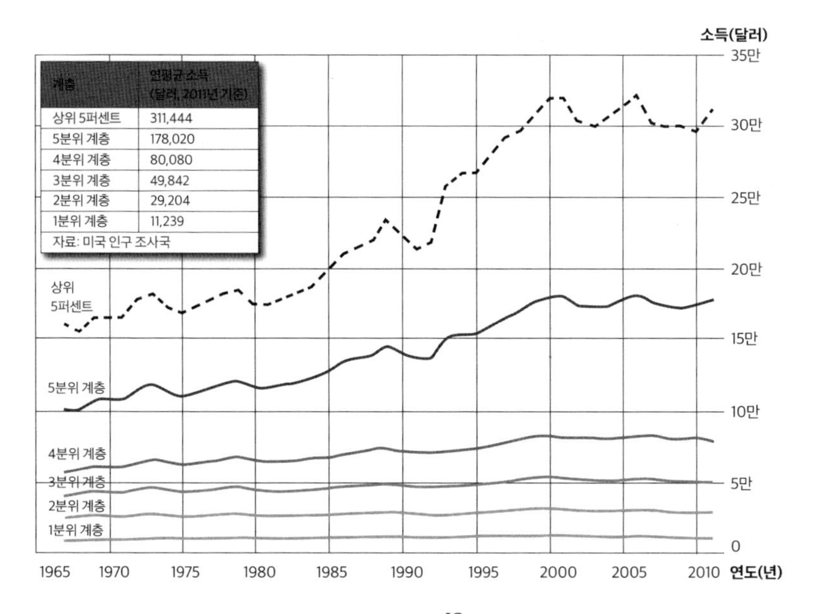

계층	연평균 소득 (달러, 2011년 기준)
상위 5퍼센트	311,444
5분위 계층	178,020
4분위 계층	80,080
3분위 계층	49,842
2분위 계층	29,204
1분위 계층	11,239
자료: 미국 인구 조사국	

그림 7.1 미국의 5분위별 및 상위 5퍼센트 실질 가구 소득.[13] **(자료 제공: 미국 인구 조사국)**

승세는, 1970년경 이후 임금과 생산성 간 격차의 증가와 밀접하게 병행하는 현상이다. 요컨대, 컴퓨터와 다른 형태의 자동화 같은 자본 투자는 생산성 증가를 이끌어 갔고 이 혜택은 노동자들보다 자본 소유자들에게 대부분 귀속되었다. (그림 7.2 참조)

점차 복잡해지는 업무들의 자동화와 임금 대비 증가하는 자본 수익성이라는 두 추세를 함께 보자. 그러면 로봇은 노동자들에게 나쁜 소식의 전조인 양 나타난다. 네 가지 발전이 이 부정적인 시나리오의 근거를 이룬다. 첫째, 규모의 경제와 학습 곡선, 마이크로프로세서 수행 능력에 대한 무어의 법칙 덕분에 로봇은 매년 값이 싸지고 있다. 둘째, 높은 수준의 방위 산업 연관 연구 개발에서 비롯되어 내려오는 혁

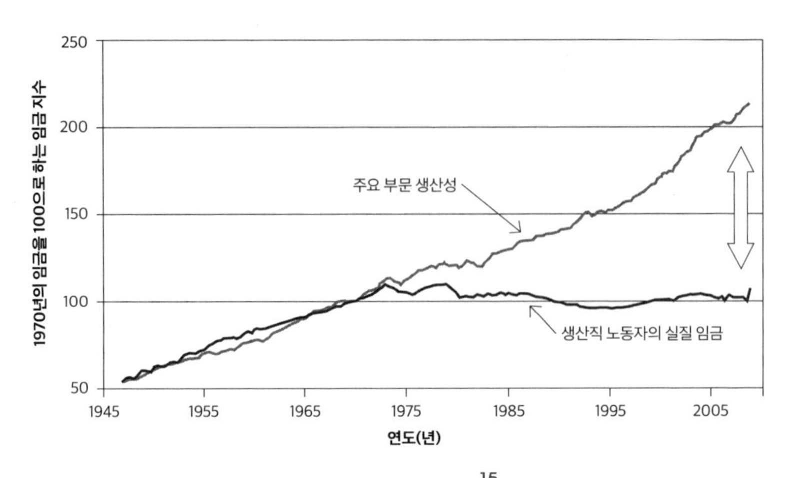

그림 7.2 1970년대 미국 생산성의 성장 추격을 멈춘 임금 추세.[15] **(자료 제공: 미국 노동 통계국)**

신과 더불어, 소프트웨어 공학과 기계적 시각 능력, 다른 부품들의 발전과 함께 로봇 또한 매년 능력이 더욱 좋아지고 있다. 셋째, 임금 인상이 최소한에 그치더라도, 인간 노동력과 관련된 의료 보험의 지속적인 상승 및 다른 비용(가령 냉방비)의 증가는, 인건비가 매해 점점 증가하고 있음을 의미한다.

넷째, 누르바흐시가 지적하듯이 로봇은 인간이 일하는 방식을 **따라 할**(replicate) 필요가 없다. 로봇은 단지 **업무에 충분할 정도로 좋으면** 될 뿐이다. 로봇과 더불어 일하면서 인간들은 어떻게 로봇의 힘을 가장 잘 이용할 수 있는지, 어떻게 로봇의 약점을 가장 잘 보완할 수 있는지 배우게 될 것이다. (예를 들어 로봇이 고장이나 충격 등으로 기능을 발휘하기 어렵게 된 막다른 상황에서 비기계적인 시각을 제공하거나, 한 대를 직접 조작하는 대신 여섯 대의 금전 등록 계산대를 관리만 하는 한 명의 종업원과 더불어 고객들이 대부분의 일을 처리하는 셀프 계산대를 설계할 수 있다.) 학습이 진행되면서, 사업 절차들은 인간과 로봇 각각의 능력을 둘러싸고 재설계될 것이다.[16]

저임금 노동자들과 실업자들에게 인적 자본과 금융 자본이 부족하기 마련이라는 점을 고려한다면, 로봇이 노동보다는 자본에 먼저 소유될 가능성이 높다. 임금 규모를 바로 증대시키는 일은 쉽지 않다. 계량적인 금융 서비스 투자자들은 자신들의 전문성을 컴퓨터, 거래 망, 여타의 로봇 기술 안에 양식화함으로써 전문성을 크게 증대시킬 수 있다. 방사선 전문의들은 동종 업계 내부에서 도구들을 잘 활용함으로써 유방 엑스선 사진 판독 소프트웨어의 얼리어댑터가 될 수 있다.

다른 전망들은 더 낙관적이다. 일거리는 대부분의 노동력을 바쁘게 유지할 만큼 거의 항상 충분히 있어 왔다는 것이다. 로봇은 어쨌든 사람들이 하고 싶지 않은 일을 하는 데 사용될 것이다. 따분하고 지저분하며 위험한 3D(dull, dirty, dangerous) 업종은 이때 종종 인용된다. 실제로 폭발물 처리 제거, 일본 후쿠시마 원자력 발전소 사고와 같은 재난 시 구조 업무, 반복적인 조립 라인 업무, 심지어 거실 청소와 같은 경우에서 로봇은 성공적으로 시험을 거치고 활용되어 왔다.[17] 어떤 논의는 인간이 자신의 관심과 재능을 탐색하고 표현하기에 훨씬 더 충분한 여가 시간을 누리게 될 것이라고 예견하기도 한다. 《와이어드(*Wired*)》의 창간자 케빈 켈리(Kevin Kelly)는 이런 맥락에서 다음과 같이 쓴 바 있다.

우리는 로봇이 우리 일들을 떠맡게 놓아둘 필요가 있다. 로봇은 우리가

해 오던 일들을 하게 될 것이며, 우리가 하는 것보다 그 일들을 훨씬 더 잘 할 것이다. 로봇은 우리가 할 수 없는 일들도 하게 될 것이다. 심지어 우리가 할 필요가 있다고 전혀 상상하지 못했던 업무들도 하게 될 것이다. 그리고 로봇은 인간다움을 확장시키도록 하는 새로운 직종과 업무를 우리 스스로 발견하도록 돕게 될 것이다. 로봇은 우리가 지금껏 그래왔던 것보다 더 인간다워지는 것에 초점을 맞추도록 도울 것이다.[18]

학문적 로봇 공학자들은 주장을 펼칠 때 종종 이런 입장에 선다. 조지아 공과 대학의 헨리크 크리스텐센(Henrik Christensen)은 노동 경제학자는 아니지만 자신의 전문 분야에서 인정받는 인물이다. 그는 증거는 없지만 다음과 같이 주장한다. 해외에서 미국으로 다시 이전되는 (많은 경우 로봇 공학이 가능케 할 것이다.) 하나의 제조업 일자리는 또한 "연관 영역에서 1.3개의 다른 일자리를" 창출한다.[19] 인간보다 낮은 비용, 더 높은 엄밀성, 클린 룸이나 이와 비슷하게 인간들이 유지하기에 어려운 환경적 요구 조건의 충족 등 로봇의 이점은 이 수치를 그럴 법하게 만든다. 즉 로봇이 생산물을 만들 때조차 이런 생산물의 제조는 구매 조달, 회계, 수리, 마케팅 등 여전히 인간이 포함되는 과정들에 지원받을 필요가 있는 것이다.

하지만 일자리 문제는 단순히 양의 문제가 아니다. 프랭크 레비와 리처드 머네인은 정보 기술이 일에 미치는 효과를 연구하는 노동 경제학자이다. 그들은 인간과 컴퓨터 간의 새로운 분업을 다루기 위해서 우리가 대답할 필요가 있는 네 가지 근본적인 질문을 다음과 같이 제시한다.

1. 어떤 종류의 업무를 인간이 컴퓨터보다 더 잘 수행하는가?
2. 어떤 종류의 업무를 컴퓨터가 인간보다 더 잘 수행하는가?
3. 점차 컴퓨터화되는 세상에서, 소득이 괜찮은 일자리는 현재 인간을 위해 남아 있으며, 앞으로도 남아 있을 것인가?
4. 사람들은 이런 일을 하기 위한 기술을 어떻게 배울 수 있는가?[20]

자동차의 문에 손잡이를 장착하는 조립 라인 노동자를 대체하는 일은 간호사, 로봇 프로그래머, 시설 관리인, 심지어 청소부가 자신의 분야에서 일손 부족 문제에 대처하게끔 도울 자유를 주지는 않는다. 즉 로봇으로 대체되고 있는 일자리는 아마도 일차적으로는 인간의 존엄성을 확장시키는 데 거의 기여하지 않는 일자리일 것이다. 하지만 적어도 일자리가 대체되고 있는 것은 맞으며, 대체되어 일자리를 잃은 이들이 새로운 직업으로 재배치되는 길은 잘 규정되고 있지 않다. 고용주들은 종종 '숙련도 격차'를 내세우며, 중등 교육 기관과 대학이 교과 과정을 개정해야 한다고 압력을 가한다. 이는 무시할 수 없는 우려이다. 하지만 펜실베이니아 대학교 와튼 스쿨의 피터 캐펠리(Peter Cappelli)는 자신이 고용한 노동자들을 훈련시키는 일에는 별 말이 없는 고용주들에게도 주의를 기울일 필요가 있음을 지적한다.[21] (결함이 있는 이력서 심사 소프트웨어에 대한 고용주들의 의존도가 커지면 이것이 실업률을 얼마나 크게 인위적으로 높이게 될 것인지를 따져야 하는 문제 역시 있다.[22]) 이처럼 로봇 공학이 고용에 미치는 효과는 여러 이차적인 효과를 낳는다. 이 효과가 어떤 식으로 나타날지 빠른 시일 내에 명백한 해답을 얻기는 어려울 것이다.

경제학의 어떤 영역에서든, 특히 고용의 영역에서 일대일 등가물은 거의 없다. 따라서 로봇이 일자리를 대체하는 문제는 다음의 두 가지 이유로 대답을 미루어 둘 수 있다. 첫째, 무엇이 로봇을 구성하는가에 대한 혼란은 문제를 어렵게 한다. 도구나 인공물과 관련된 거의 모든 것이 로봇으로 간주될 수 있기 때문이다. 둘째, 로봇의 일자리 대체는 대부분의 분석가들이 제시하는 것보다 더 먼 미래의 일일 수 있다. 2013년 중반에는 미국에서 '실업자' 1176만 명과 취업자 1억 4390만 명이 존재했다. 단순 계산에 따르면 2013년도 중반 실업률은 거의 8퍼센트에 달했다. 이를 기술적으로 다시 조정한 공식 실업률은 7.6퍼센트였다. 이 실업률 수치에 함께 계산되지 않은 것은 일자리 찾기를 포기한 사람들, 전일제 근무를 원했고 필요로 했지만 시간제 근무로 일하는 사람들, 일부는 비자발적으로 일자리를 떠난 은퇴자들이다. 일하고 있지 않은 또 다른 집단에는 매달 장애인 수당을 받는 1400만 명에 달하는 이들이 속해 있다. 1996년 이래 장애인 수당 지급 비율은 거의 2배 증가했다. 이러한 수당 지급 대상 장애인 판정 요구 중 3분의 1 이상은, 등의 통증 및 근골격 문제와 관련된다. 또 다른 5분의 1은 정신 질환 및 발달 장애와 관련된다. 이 모든 건강 상태는 확실성 있게 진단하기 어려운 것들이다.[23]

노동 경제학자 데이비드 오터는 장애인 문제를 "미국 노동 시

이처럼 로봇 공학이 고용에 미치는 효과는

여러 이차적인 효과를 낳는다.

이 효과가 어떤 식으로 나타날지 빠른 시일 내에

명백한 해답을 얻기는 어려울 것이다.

장의 추악한 비밀 중 하나"라고 주장한다. "우리 실업률이 낮게 계산된 이유 중 하나는 최근까지 일자리를 찾는 데 어려움을 겪은 많은 사람들이 장애인 수당 프로그램의 적용 대상이라는 점이다."[24] 장애인 등록률이 기술적 실업(외주, 콜센터 자동화, 셀프 서비스 소매점의 도입 등)이 커진 시기와 맞물려 2배로 뛴 사실은, 브리뇰프슨과 맥어피가 주장했듯이 신기술이 부와 생산성을 낳고 있지만 신기술에 일자리가 대체된 이들을 위한 충분한 일자리를 창출하고 있지는 않음을 보여 준다. 장애인 등록 인원 700만 명(현재 총 장애인 등록 인원의 절반에 해당한다.)을 실업자 수에 추가하면, 공식 실업률은 정치적으로 위험한 12퍼센트로 치솟는다. 게다가 이는 앞서 언급한 불완전 고용(underemployment) 상태의 인구나 조기 은퇴자를 계산하지 않은 수치이기도 하다.

전체 그림이 얼마나 복잡한지를 보여 주자면, (서류상) 등에 장애가 있는 것으로 등록된 인구의 일부나 연관된 문제를 가진 인구의 일부는 물건을 들어 올리거나 옮길 수 있는 로봇과 협력을 할 수도 있다. 이 시나리오는 곤란한 질문을 제기한다. 즉 물건을 들어 올리는 데 제약이 있거나 단지 고등학교 교육만을 이수한 개인들은 인간과 로봇의 협력 관계에 어떤 결과를 가져올 것인가? 우리는 그러한 질문들에 곧 답해야 할 것이다. 어느새, 우리는 수백만 노동자들의 삶과 생계를 포괄하는 방대한 실험의 한가운데에 놓여 있게 되었다.

8강
인간과 더불어

현재까지 로봇 공학 연구와 기술자들의 활동은 대부분 길 찾기, 시동 걸기, 물건 집기, 기계 시각 확보하기 등의 난제를 다루며, 로봇 내부의 문제에서 외부의 문제로 향해 왔다. 이제는 로봇이 점차 인간의 영역에 들어와 인간들의 업무를 수행하기 시작했다. 따라서 일련의 새로운 문제들이 발생하고 있다. 인간이 이동 로봇의 경로를 방해하지 않기 위한 도로 규칙으로는 어떠한 것이 있어야 하는가? 로봇을 위해 엘리베이터 버튼을 눌러 주려면 어떤 규칙이 있어야 하는가? 혹은 로봇에 다가올 위험을 경고하려면? 단순한 일(ATM 거래 등)이건 복잡한 일(폭탄 투하 혹은 수술 등)이건, 인간과 로봇 중 어느 편이 과업의 어떤 부분을 맡게 되는가? 비난과 신뢰, 궁극적인 책임 ― 아마도 결정적인 실행 단추를 누가 누르는가의 형태로 나타날 것이다. ― 은 어디에 놓이게 되는가? 현실적인 시나리오를 보여 주는 간단한 예는 여전히 해결이 필요한 난제들과 함께 인간과 로봇의 협력 관계가 지닌 풍부한 잠재성을 예시해 준다.

소통해요 우리

인간과 로봇의 상호 작용(Human-Robot Interaction, HRI) 연구는 로봇 공학에서 기술적 도전 과제인 다른 분야들에 비해 실질적으로 덜 주목을 받고 있다. 이 연구는 긴급 상황이거나 공적 안전이 위협받을 때 어떻게 인간이 작업장에서 로봇의 존재에 반응하는가보다는 어떻게 로봇이 인간의 입력을 '읽어 내는가'에 훨씬 더 많은 주의를 기울인다. 예를 들어 2013년 한 리뷰 논문에서, 로봇 공학 분야에서 가장 존경받는 연구자인 로빈 머피와 데브라 슈레켄고스트(Debra Schreckenghost)는 다음과 같이 지적했다.

> 실제로 (인간과 로봇의) 시스템 상호 작용을 측정하기 위한 기준은 소음과 에러를 분석에 포함해서 로봇 혹은 인간을 관찰함으로써 종종 추론된다. 그 측정 기준은 인간-로봇 상호 작용에 대한 자율성의 영향을 전적으로 포착해 내지는 못하는데, 이는 이 기준이 능력이 아니라 전형적으로 행위자에 초점을 맞추기 때문이다. 그 결과, 현재의 기준은 어떠한 자율적인 능력과 상호 작용이 어떤 업무에 적합한지를 결정하는 데 도

움을 주지 못하고 있다.[1]

이와 같은 언급은, 어떻게 인간과 컴퓨터가 상호 작용하는지를 측정하는 표준적 도구조차 HRI 연구자들이 제시하고 있지 못함을 지적한다. 이 도구의 유효성에 동의하는지를 논하는 것은 고사하고 말이다. 그 리뷰 논문에서 확인된 기준 42개 중 7개는 인간에게 적용되며 6개는 로봇에 적용되고, 22개는 인간과 로봇 간 상호 작용에 적용된다. 인간에게 적용되는 기준 7개 중 단지 한 개, 즉 신뢰만이 자율적인 로봇에 대한 인간의 반응을 측정한다고 할 수 있을지 모른다. 가령 "생산적인 시간 대 오버헤드(overhead, 컴퓨터가 명령을 실행하기 위해 구동하는 데 필요한 시간.—옮긴이) 시간" 같은 나머지 기준은 로봇을 조종하거나 통제하는 인간에게 적용된다.[2] 로봇 공학 분야에서 주도적으로 연구하는 학자들의 논문을 백과사전 형식으로 모아 놓은 『스프링어 로봇 공학 핸드북(*Springer Handbook of Robotics*)』에서, "인간과 상호 작용하는 사회적· 로봇"이라는 항목의 저자들은 인간에게 작용하는 로봇의 효과 연구가 초기 단계에 있음을 인정했다. 그들은 아직 해답을 기다리고 있는, 인간-로봇 상호 작용 연구 분야에 핵심적인 다음과 같은 문제를 제기했다. "인간과 로봇 간에 효율적이고 재미를 주며 자연스럽고 의미 있는 상호 작용을 낳을 수 있는 의사 소통과 이해의 공통된 사회적 메커니즘에는 어떠한 것들이 있는가?"[3]

출동, 인간을 구하라

로봇은 종종 위험하고 지저분한 탐색과 구조 과정에 적합하다고 이상화된다.[4] 몇 가지 놀라운 고찰이 탐색과 구조 로봇의 설계에 담겨 있지만, 이런 형태를 지닌 로봇의 인도주의적인 측면은 도덕적이고 윤리적인 차원이 좀 더 복잡한 다른 형태의 로봇들과 명확한 대조를 이룬다. 즉 산업 로봇들은 어떤 사람들의 생계를 위협하며, 전투 로봇들은 이미 심각한 문제들(말 그대로 생사와 연관된다.)을 야기해 왔다. 심지어 돌봄 로봇들조차, 요양소 환자들이 인간으로서 받아야 하는 대우를 받지 못하게 하는 위험이 따른다. 실제로, 위험한 환경에서 인간 생명을 구조하는 로봇을 살피면서 바람직하지 않은 측면을 찾기란 어렵다. 하지만 그와 같은 직접적인 임무에서, 논의되어야 할 많은 문제들이 인간과 로봇 간에 서로 떠넘겨진 채로 있다.

탐색과 구조 분야는 인간 활동 자체와 마찬가지로 넓은 분야이다. 탐색과 구조 로봇은 현재 공중에서, 지상에서, 수면 위와 아래에서 각각 시험되고 있다. 산사태나 지진 해일 같은 상황에서 비행 로봇은 광대한 지리적 영역을 파악해야 한다. 화재나 지진, 폭발로 크게 훼손되거나 파괴된 건물들에서 지상 로봇은 잔해를 뚫고 기어 들어가야 한다. 심지어 잔해 그 자체도 매우 이질적인지라, 2006년까지만 해도 화재, 지진, 폭발로 남겨진 상이한 잔해 폐기물을 특징짓는 기술적인 표준이 없었다.

탐색과 구조 로봇은 또한 활동별로 전문화되어야 한다. 손상된 건물의 구조가 견고한지를 감지하고 평가하는 일, (폭발성이나 독성이 있는) 기체를 탐지하거나 확인하는 일, 방사선을 탐지·측정하고 오염 지역의 지도를 그리는 일, 생존자를 찾고 상태를 파악하며 치료하고 구출하는 일, 재난에 영향을 받은 지형의 다양한 층위와 규모를 지도화하는 일에는 각각 상이한 설계와 조종자, 프로토콜이 필요하다. 우선 로봇을 재난 지역에 도달하게 하는 문제도 있다. 450킬로그램이나 되는 기계를 수백 킬로미터 떨어진 곳에서부터 끌고 가는 일은, 재난 지역과 연결된 대중 교통 수단이나 의사 소통 수단을 구하기가 매우 힘든 곳에서는 실질적인 문제가 될 수도 있다.

지금까지 탐색과 구조 로봇은 항공 분야의 지도화 작업이나 다른 정찰 업무에서 가장 성공적으로 이용되어 왔다. 로봇 비행 일정은 (특히 유인 비행기가 다니는 고도보다 낮은 상공에서는) 쉽게 짤 수 있으며, 내연기관이 있는 비행기도 통상적으로 배치될 수 있다. 또한 공중에는 예기치 못한 장애물이 더 적다. 하지만 이와 대조적으로, 잔해 속에서 특히 로봇이 예기치 못한 장애물에 직면할 경우 배터리의 수명은 문제가 된다. 지하에서, 혹은 콘크리트나 돌, 아니면 쇠가 많이 함유된 잔해 속에서 무선 대역폭이 없는 문제는 주요한 어려움을 제기하며, 이로 인해 종종 광섬유 밧줄이나 안전 로프가 필요해진다. (하지만 광섬유 밧줄과 안전 로프는 재난의 잔해 속에서 쉽게 장애물에 걸려 파손된다.) 특수한 환경들은 배치된 로봇의 이동을 늦추게 될 것이다. 예를 들어 돌출한 막대나 철근은 개방된 궤도 바퀴를 헛돌게 할 수 있다. 심지어 엉켜 있는 카펫 같은 지면 환경은 심각한 문제를 제기할 수 있다. 실제로 진흙탕에 빠진

한 탐색 구조 로봇은 기능을 상실하기도 했다. 소방 호스에서 나오는 재와 물은 합쳐져서 표면을 매우 미끄럽게 하고 또 로봇의 카메라 렌즈를 뿌옇게 흐린다. 탐색과 구조 로봇 공학자들이 마주하는 몇 가지 설계상의 어려움을 검토하면서, 우리는 이 분야의 잠재성이 얼마나 광범위한지 알 수 있다.

규칙과 알고리듬

소방관과 경찰관, 탐색 구조 팀 모두는 혼란스럽고 위험한 상황에 접근하기 위해 지침을 따른다. 어떤 방이 언제 탐색되어야 하는지, 어떤 안전 장비가 요청되는지, 어떻게 위험에 대비해야 하는지, 어떤 통신 수단이 요구되는지 등이 그것이다. 이 모두는 훈련과 경험을 통해 배우게 된다. 특수하고 혼란스러우며 위험한 상황에서 어떻게 행동해야 하는지 로봇을 가르치는 임무는 중요하다. 가령 자율적인 행동과 사람이 조종하는 행동 간에 균형을 잡는 일은 매우 중요하다. 예를 들어 허리케인 카트리나가 휩쓸고 간 지역에 있던 중간 규모 상업용 건물의 구조가 견고한지를 점검하는 데 무인 항공기가 사용되었다. 지상 조종사들이 드론을 날린 것이다. 하지만 조종자들의 스트레스를 덜기 위해서 드론이 자율적으로 벽면과 거리를 유지하는 능력을 갖추었다면 좋았을 것이다. 무인 항공기가 조종자들의 시야 안에 있기는 했어도, 손상된 구조물 가까이에서 바람이 매섭게 불어 상황이 어려웠기 때문이다. 좋은 의도에서 제안된 로봇 설계는 재난 상황에서 반복적으로 폐기되어 왔는데, 이는 응급 구조자들이 어떻게 그 로봇들을 작동하는지를 직관적으로 파악하는 데 실패했기 때문이었다.

설치와 유지

탐색과 구조 로봇은 얼마나 빨리 포장을 풀고 작동을 개시할 수 있는가? 경험이 없는 조종자가 배터리를 교환하는 데는 얼마나 오래 시간이 걸리는가? 최신 작동 매뉴얼은 어디에 있는가? 인터넷 다운로드가 종종 훌륭한 해결책이 되기는 하지만, 무선 통신 서비스나 전기가 없는 곳에서는 도움이 되지 않으며 프린터가 없어도 별 소용이 없어진다. 안내 해설 매뉴얼은 무슨 언어로 쓰여 있는가? 한 주에는 먼지를 덮어쓰고 다른 주에는 진흙에 빠지며, 한 달 후에는 극도로 추운 곳에 있다가 1년 동안 뜨거운 창고에 놓이게 될 로봇에 안정성을 설계하는 문제는 매우 어렵다. 일부 프로젝트에서는 예측 불가능한 조종 환경이 매우 많아질 것이다.

나는 어디에 있는가?

재난은 여러 측면에서 재난 장소의 모양을 흐트러뜨린다. 초기 재난 대처에서는 기존에 알고 있던 상황과 새로 발견되는 상황을 통합하는 일이 급선무이다. 이 건물은 탐색된 적이 있는가? 이 다리는 걸어서, 혹은 오토바이나 차량 여러 대로 건너가기에 안전한가? 가스관은 어디에 있는가? 가스관은 잠겨 있는가? 로봇이 사용하고 수집하는 공간 정보를 위한 센서, 데이터 기준 및 관련된 개입 규칙의 발전은 달성하기가 쉽지 않은 또 다른 최우선 목표이다.

이동

바퀴와 다리, 궤도 바퀴, 날개, 프로펠러 각각은 장점과 단점이 있다. 여건이 매우 힘들고 물리적으로 어려움이 있다는 점만 알아서는, 로봇을 위한 최선의 이동 방식을 결정하는 일은 매우 어렵다. 돌아서기 위해 뒤로 물러서는 일이 종종 불가능하거나, 내부 상황에 대한 인간 조종자의 감각으로는 정확한 원격 조종이 매우 어려운 좁은 공간에서는 뒤로도 갈 수 있는 로봇이 바람직하다. 다리가 달려 있거나 다른 생명체의 형태와 유사한 로봇은 예측 불가능한 상황에서 더 잘 이동할 수 있지만, 어려운 공학적 문제들을 제기한다. 뱀과 같이 생긴 로봇은 매우 울퉁불퉁한 잔해들 속에서 잘 전진해 나갈 수 있지만, 이런 로봇을 만드는 일은 여전히 어렵다.

탐색과 구조 로봇에서 희망을 보이는 한 영역은 로봇과 인간으로 구성되어 있건(구조견이 함께 있을 수도, 없을 수도 있다.) 로봇들만으로 구성되어 있건 팀을 꾸리는 데 있다. 하늘에 떠 있는 헬리콥터나 소형 비행선은 넓은 영역을 조사할 수 있고, 이로써 지상의 로봇은 전류가 흐르는 전기선, 물가의 교각이나 다른 절벽, 혹은 이미 탐색이 된 지형과 자신이 얼마나 가까이 있는지를 알 수 있다. 하늘에서 시야를 확보하면 잔해 속에 있는 센서들을 보완한다. 그리고 어떤 로봇도 개의 후각 능력에 근접할 수는 없지만, 냄새 맡는 로봇은 구조견에게 어떤 위험이 닥칠지 인간 조종자가 확신할 수 없는 위험한 상황에서도 배치될 수 있다. 사실상 그물 조직 같은 무선 통신망을 구성하는 로봇 무리는 한 구성원이 무력화된 상황에서 다른 구성원이 보완적으로 기능을 제공할 수 있고, 하나씩 연속으로 투입될 경우보다 무리가 함께 투입됨으로써 넓은 지역을 살필 수 있다. 하지만 얼마나 많은 인간 조종자가 로봇 무리를 관리하는 데 요구되는지를 알아내는 문제는 계속 남아 있다.

구조

세계 인구의 다수가 물과 가까이 살고 있다. 물은 여러 가지 형태로 파괴적인 힘을 갖고 있고, 화재 진압에 거의 항상 필요하다. 그렇다면 지상 로봇에 방수 처리를 하는 일은 얼마나 중요하겠는가? 로봇의 관리 유지를 용이하게 하는 것과 물, 날카로운 물체, 혹은 그밖의 위험들이 로봇에 줄 피해를 막는 것 사이에는 통상 구조적인 상충 관계가 존재한다. 얼마나 많은 구조 요원이 로봇을 운반해 오고, 현장에 투입하며, 다시 회수하는 데 요구되는가? 로봇의 무게와 배터리 수명, 기능은 풀기 어려운 상충 관계에 있다. 현재의 탐색과 구조 로봇은 매우 무거운 어떤 것도 움직일 수 없다. 상처 입은 군인은 상처가 심각하지 않다면 군사용 구조 로봇이 안전한 곳으로 끌어내 올 수는 있지만 말이다. 군사용 구조 로봇이건 민간용 구조 로봇이건, 구조를 할 때 공통적으로 요구되는 사항인 척추 안정화를 유지하면서 인간을 건물의 잔해 속에서 안전하게 옮길 수 있지는 않다.

역할과 방식

탐색과 구조 로봇이 조종자(들), 구조견, 함께 나란히 일하는 구조 요원들과 어떻게 상호 작용할 것인가는 물리적 구조에서 더 복잡한 문제이다. 그중에서도 **구조되는 대상자와** 상호 작용하는 문제는 더 욱 중요하다. 과거 '사용자 인터페이스'로 일컬어지던 이것은 로봇이 다양한 역할 속에서 다양한 사람들과 상호 작용할 때 훨씬 더 깊게 관여하게 된다. 인간과 로봇의 상호 작용은 민간용 탐색 및 구조 로봇에 특별히 중요하다. 군사용 구조 로봇은 자신이 어떻게 구조될지 알고 있는 군인에게 접근하며, 구조 대상자와 서로 훈련을 해 온 숙련된 조종자 혹은 지원 팀이 있을 것이다. 이와 대조적으로, 구조 로봇과 민간인 지원 팀은 지역의 응급 구조자들과 재난 훈련을 해 본 적이 없을 것이다. 민간용 로봇과 지원 팀은 로봇이 어떻게 재난 현장에서 자신을 발견하거나 끄집어낼지 심리적으로 대비되어 있지 않거나 훈련 경험이 거의 없는 민간인을 탐색하는 상황에 처하게 될 것이다.

조종자들에게는 어떤 정보가 필요한가? 물론 구조 로봇의 카메라(들)로 입수되는 시각 자료는 유용할 수 있다. 하지만 상황이 충분히 안전하다고 가정하면서 조종자가 단지 모니터에만 집중할 수는 없는 일이다. 어떤 사람들은 조종자가 자신이 작동하는 로봇의 물리적 맥락을 감안하면서 로봇이 전달하는 시각 정보를 취해야 한다고 제시한다. 이는 로봇의 조종 환경(배터리 수명, 운전 온도)을 나타내는 정보와, 재난 지역에서 로봇의 위치를 조망하는 전체적인 시각 정보를 가리킨다. 이토록 많은 정보를 적절하게 관리하기 위해서, 탐색과 구조 로봇은 아마도 조종자가 다수 필요할 것이다. 여기에는 업무 수행, 인내심, 조종자의 감정 상태와 관련된 다양한 이유가 있다. 한 연구는 조종자가 한 명 더 추가될 때 구조 로봇의 업무 수행 능력이 9배 향상된다고 제시한다.[5] 여기에 지원 팀을 추가하면, 로봇 대비 조종자의 비율은 중요한 고려 사항이 된다.

상호 작용의 연속성 모형을 향해

'X는 로봇인가, 혹은 로봇이 아닌가?'에 관한 양자택일의 논쟁과 대조적으로, 새로운 노력들은 한쪽은 실체적이고 다른 한쪽은 관념적인 두 극 사이의 회색 지대에 위치한 인간-로봇 협력 관계의 연속성에 초점을 맞춘다. 갓 태어난 인간을 한쪽 극의 원형으로 간주해 보자. 갓 태어난 인간은 언어 능력도 없고 인지 능력이 미약하며 순수하게 생물학적인 생명체이다. 다른 한쪽 극에는 순수하게 인공적이고 몸체가 없는 창조물이 있다고 간주하자. 이 창조물은 영화 「2001 스페이스 오디세이」에 나오는, 감각과 논리력을 갖고 있으며 (생명 유지 시스템을 끄거나 우주선의 출입구를 잠그는 일과 같은) 행위를 할 수는 있지만 이동할 수는 없는 로봇인 HAL 9000처럼 실체화되지는 않을 수도 있는 어떤 원형이다.

인간-로봇 협력을 정의하는 흥미로운 지반은 이 두 극 사이에 있는 광대한 개념적 영역으로서, 이는 센서와 감각 기관의 결합이자 인지 능력과 논리력의 결합이며, 뼈와 근육이 만드는 행동과 수역학(水力學)과 모터가 만드는 행동의 결합이기도 하다. 주요한 질문들은 이 협력에서 보조, 능력, 책임의 문제를 제기한다. 어느 쪽이 상대편을 도울 것인가? 어느 쪽이 궁극적으로 통제하는 편이 되는가? 특정한 협력 관계는 인간이건 로봇이건 혼자서는 달성할 수 없는 무엇인가를 달성하게 하는가?

다음 두 가지의 간략한 사례는 인간-로봇 협력에서 혼합적인(hybrid) 접근의 유용성을 보여 준다.

첫째, 고객이 ATM에서 돈을 인출할 때, 인간은 고객과 ATM 간의 상호 작용을 인간과 로봇 간 협력으로 만들면서 로봇에게 주요한 능력들을 제공한다. 스마트폰이나 다른 GPS 운행 시스템도 마찬가지이다. 컴퓨터는 인간 상대방의 요청에 응답하고, 기기를 이용하는 인간의 위치를 감지하며, 행로를 계산하고 그 요청을 달성하기 위한 방향을 따르도록 인간에게 의지한다.

둘째, 인간이 생의학적인 능력 증강 도구(인공 달팽이관 이식, 로봇 팔, 혹은 스티븐 호킹이 사용한 것처럼 음성 합성기가 딸린 휠체어)의 도움을 받을 때, 인간-기술 협력이 얼마나 많이 로봇 공학에 의존하건 간에 그 협력 안에 존재하는 인간의 인간다움과 행위자성에 대해서는 별 질문을 하지 않는다.

인간-로봇 협력에는 많은 회색 지대가 있다. 회색 지대는 탄소 섬유로 작동하는 인공 보철물에 있을 수도 있고, 구글 글래스의 얼굴 인식 기능 혹은 자동화된 주식 거래 알고리듬에 있을 수도 있다. 양자택일의 규정을 걱정하는 대신, 충분한 정보에 기반을 둔 섬세한 논쟁이 우리에게 증강된 인간과 인간화된 자동화 기계 둘 모두의 위치와 한계를 명확하게 하며 우리를 도울 수 있다.

이 논쟁에서 다음과 같은 질문이 제기된다. 자동차 주행 경기에서처럼 인간의 운동 경기에서도 '무제한적' 종목들이 얼마나 빨리 도래하게 될 것인가? 외골격과 인공 보철물, 다양한 인공 삽입물은 능력이 증강되어 새롭게 경쟁력을 갖추게 될 인간 선수를 위해 합법화될 수 있을지 모른다.

일단 인간-로봇 협력에 대한 논의가 인간과 로봇을 연속선상에 두게 되면, 약리학적이거나 의학적인 증강을 향한 문이 열리게 된다. 스테로이드제와 인간 성장 호르몬, 수혈은 다양한 기제를 통해 인간의 근골격계 수행성을 증진시킬 수 있다. 베타 차단제(beta-blocker, 교감 신경계 질환 치료나 그 조절에 쓰이는 합성 약. — 옮긴이)는 공중 앞에서 말이나 동작을 하는 것에 강한 거부 반응을 나타내는 사람들을 위해 오랫동안 추천되거나 자가 처방되어 왔다. 외상 후 스트레스 장애(PTSD)를 위한 새로운 약물은 외상 경험을 떠올리거나 이로 인해 악몽을 꾸는 사람들에게 그 경험을 잊게 해 줄지 모른다. 매년 수천만 건의 처방전이 주의력 결핍 과잉 행동 장애(ADHD)를 치료하기 위해 쓰인다. 이 약은 ADHD 증상이 없는 이용자들도 다수 복용하게 되는데, 이로써 (기말 고사가 임박해 준비에 몰두하는 학생들이나 더 나은 기록을 원하는 운동 선수의) 기분을 고양시키거나 혹은 수행 성과를 향상시킨다. 미국에서 프로 미식 축구 선수들은 그 같은 효능이 있는 아데랄(Adderall)을 특히 복용해서 선수 자격 정지를 받고는 했다.[6] 여기서 요점은, 많은 경쟁적인 조건에서 인간 능력 증강에 대한 논의가 인간 능력 증강을 달성하기 위한 합법적이고 불법적인 수단이 다양하게 존재하는 현실에 크게 뒤처지고 있다는 점이다. 로봇 공학적인 인간 증강은 어떤 점에서 단지 이러한 여러 증강 방식 중 한 범주일 뿐이다.

인간의 존재감을 부탁해

인간-로봇 협력의 한 범주에는 아마도 장애인(종종 비장애인도 해당한다.)에 대한 컴퓨터-기계 공학적인 보조 장치가 들어갈 것이다. 기계들은 지레부터 시작해 농작물을 키우고 수확하는 일과 천연 자원을 채굴하는 일, 인간이 만든 환경을 건설하는 일에서 인간 **근육 능력**을 확장하고 거의 대체했다. 도구의 지속적인 등장은 바늘부터 시작해 인간의 **두뇌 능력** 또한 보조하고 거의 대체했다. 2달러짜리 계산기를 가진 고등학생은 단순 수학 문제를 계산하는 데 있어서 계산기가 없는 박사 학위자보다 훨씬 뛰어난 것이다. 컴퓨터가 확장한 사회 연결 망은 범죄를 해결하고 선거를 예측하며 복잡한 문제를 푸는 데 도움을 줄 수 있다. 로봇은 이처럼 근골격계 차원과 인지 차원에서 인간을 보조하고 인간 능력을 확장시킨다는 두 가지 측면을 결합한다.

이를 살짝 다른 방식으로 보면, 기계들은 힘을 증대시킨다. 컴퓨터는 혼자서, 그리고 연결 망 속에서 인지 능력을 확장시키고 증대시킨다. 일단 컴퓨팅이 3차원 공간에 적용되면 로봇 공학 기술들은 인간이 감지하고 관찰하며 분석하고 거리상 떨어져 있어도 물리적 실재 위에서의 행위를 허용하면서 인간의 **존재감**(presence)을 증대시킨다. 2012년에 스티브 커즌스는 휴머노이드 로봇을 만드는 스타트업 기업인 윌로 개러지의 최고 경영자였다. 그는 윌로 개러지의 화상 회의 로봇들이 원거리 화상 회의, 즉 멀리 떨어진 곳에서 무엇이 진행되는지 인간들에게 보여 주는 데 그치기보다는, 원격으로도 실제 업무를 수행하게 해 줄 근미래를 전망했다.[7] '인간-로봇 협력의 본질은 무엇인가?'를 질문하는 일은 비용과 이익, 위험, 자원 할당, 윤리, 특히 행위자성, 아직 거의 언급되지 않은 채 남아 있는 다른 질문들을 더 깊이 파헤치게 해 준다.

다 빈치의 외과 수술

지금까지 가장 가시적인 로봇 공학적 치료 기술인 다 빈치 수술 시스템은 실제로는 로봇이 아니다. 다 빈치는 이동하거나 어떤 움직임도 자율적으로 수행할 수 없다. 하지만 이후에 묘사되는 보철학과 매우 유사하게, 다 빈치를 통한 인간 능력의 로봇 공학적인 향상은 충분히 강력해서 여기서 우리의 주의를 끌 만하다. 더 나아가, (광고 게시판을 포함하는) 병원의 마케팅 노력에서 현저한 특징으로 보이는 로봇 공학 기술은 주목할 가치가 있는데, 이는 로봇 공학적 전문 용어가 그 분야에서 공론 형성을 돕고 있다는 이유만으로도 그렇다.

다 빈치는 부상을 입은 군인을 가급적 빨리 도와주는 한편, 전선에 가까운 의료 시설에서 외과의가 없이도 치료를 수행할 수 있는지를 시험하려는 군사적 시도로 개발되었다. 애초 설계된 목표는 포기되었지만, 다 빈치는 조작 테이블 앞에 앉아 있는 외과의가 통제하는 센서와 장치, 다양한 도구를 가진 로봇 팔이 개발되는 방향으로 길을 열

'인간-로봇 협력의 본질은 무엇인가?'를 질문하는 일은
비용과 이익, 위험, 자원 할당, 윤리, 특히 행위자성,
아직 거의 언급되지 않은 채 남아 있는
다른 질문들을 더 깊이 파헤치게 해 준다.

게 되었다.

다 빈치가 1990년대 말 시장에 나왔을 때, 로봇이 보조하는 수술은 첫 번째로는 개복 수술, 두 번째로는 복강경과 같이 몸 안에 집어넣는 도구를 최소한으로만 사용하는 수술에 이어, 수술 과정상 발전의 세 번째 단계를 의미한다고 주장되었다. 다 빈치 역시 몸 안에 집어넣는 도구를 최소한으로 사용하는 수술 형태이기는 하다. 하지만 외과의가 다 빈치를 통해 이전의 형태와 같은 거울 이미지가 아니라 실제 이미지를 보며 수술하는 것이 가능해짐으로써, 가령 다 빈치의 조작 테이블에서 조이스틱을 오른쪽으로 움직임으로써 도구 역시 수술대에서 오른쪽으로 움직여 갈 수 있게 되었다. 이처럼 로봇 공학적인 증강 기술은 외과의의 눈과 손을 확장하는 기능을 한다.

다 빈치는 10년 이상 의료 시장에서 여전히 대안적인 사업 모형을 탐색하는 다른 로봇 공학 기업들을 위한 유용한 경제 데이터를 제공한다. 다 빈치 자체는 판매 지역과 장치의 사양에 따라 100만 달러와 230만 달러 사이에서 판매된다. 추가로, 다 빈치에는 닳아 없어지는 부품과 매 수술 후에 교체되어야 하는 끝 부분 같은 부속 부품이 있다. 따라서 소모품 및 여분의 부품 판매는 기업에 지속적인 재정 수입을 창출한다. (경제 용어로, 이와 같은 판매는 가격에서 경쟁할 수 있는 대안적인 공급자가 없다면 일종의 자물쇠(lock-in) 형태를 구성한다.) 끝으로, 매년 기계 하나당 10만 달러부터 17만 달러까지의 유지 보수 비용 또한 적용된다. 그 규모가 어느 정도인지를 보자면, 다 빈치를 이용한 수술이 2012년 36만 7000건 시행되었다면 2014년에는 44만 9000건에 달했다. 다 빈

치 수술 시스템이 갖추어진 곳은 2014년 12월 31일 현재 3,266곳으로 보고되었다.[8]

인튜이티브 서지컬이 다 빈치 시스템을 가급적 많이 판매하게 된 경제적 유인이 상당수 있다. 더 높은 비용의 로봇으로 보조된 수술이 더 나은 수술 결과로 이어진다는 보고가 없음에도 불구하고 말이다.[9] 따라서 전립샘 수술은 다 빈치 이용 수술 중 많은 건수를 차지한다. 하지만 《임상 종양학 저널(*Journal of Clinical Oncology*)》 2012년호에 따르면, 요실금과 발기 부전이 로봇으로 보조된 수술이나 통상적인 복강경 수술 후에 부작용으로 모두 높게 나타난다. 또한 《미국 의료 협회 저널(*Journal of the American Medical Association*)》은 2013년 다음과 같이 언급했다. "현재까지 로봇이 보조한 자궁 절제술은 복강경 수술보다 더 효과적으로 보이지 않았다." 하지만 부분적으로는 다 빈치 수술 시스템의 높은 공적 인지도 탓에, 병원들은 통상적인 수술보다 다 빈치를 이용한 수술에서 2배가량의 비용을 청구한다. 현재까지 보험 회사들은 수술 결과가 개선되었다는 보고가 없는데도, 다 빈치를 이용한 수술에 더 많은 비용을 지급해 왔다.[10]

인공 보철물

능동 보철 기술(active prosthetics) 분야의 진보는 로봇을 규정하는 세 가지 구성 요소 모두의 발전에 의존한다. 감지 능력, 논리 능력, 행위 능력이 그것이다. 이 구성 요소 각각의 진보는 로봇 보철물들을 정신으로 통제하는 일이 시연되는 지점까지 발전했다. 특히 수족이 절단

되고 남아 있는 부위의 신경 자극을 탐지하는 센서들은 인공 보철 팔과 손, 다리를 통제할 수 있다. 이 영역의 연구 개발은 이스라엘, 스웨덴, 영국, 미국을 포함해 많은 나라에서 진행되고 있다.

21세기의 첫 10년간 중동에서 벌어진 전쟁은 부상 당한 군인을 돌보는 데 인상적인 진전을 보여 준다. 단지 부상 군인의 76퍼센트만이 생존했던 과거의 베트남 전쟁과 비교해서, 이라크 전쟁에서는 환자당 위생병과 의사의 수가 더 적었음에도 불구하고 부상 당한 군인이 90퍼센트의 생존율을 보인 것이다.[11] 하지만 당시에 생존률은 높았지만, 사제 폭발물, 지뢰 및 기타 비대칭적 전쟁 수단의 희생자로 수족이 절단된 이들이 수천 명에 달했다는 대가가 따랐다. 현재의 로봇 공학적 인공 보철 연구가 없었다면 이 젊은 수족 절단 부상자들은 아마 이후 60년 혹은 그 이상을 휠체어에 갇혀 있거나 목발에 의지한 채 정신적이고 육체적인 고통에 직면했을 것이다. 이 점을 고려하면, 두뇌 신호 인터페이스[12]를 포함해서 로봇 공학 기술을 이용하는 효과적인 인공 보철물의 발전은 현재 연구에서 우선 순위가 높다.

로봇 공학적인 부착물과 더불어, 팔다리가 손상되지는 않았지만 그 기능이 제한적인(특히 마비된) 환자들이 걷는 데 도움을 주는 리워크(ReWalk) 같은 외골격계 기구도 있다. 2012년 마비 증세가 있던 한 여성은 리워크를 이용해 16일 동안 런던 마라톤 전체 코스를 걸었다. 현재 비용이 약 8만 5000달러 드는 이 시스템은 물리 치료사나 유사한 자격자의 관리하에 의료 기관들에서 이용이 승인되었다. 미래에 환자들은 아마도 가정에서도 리워크를 이용할 수 있을 것이다. 근육 기능이 약화된, 기능 장애가 덜 심각한 개인들을 위해, 일본의 혼다는 걷기를 보조할 수 있는 스트라이드 어시스트(Stride Assist)와 바디웨이트 서포트 어시스트(Bodyweight Support Assist)를 개발했다. 하지만 언제 그 도구들이 상업적으로 이용 가능할지는 분명하지 않다.

일상 생활을 보조하는 로봇

일상 생활을 보조하는 로봇들은 특히 근처에 가족이 살지 않는 노인들의 자립을 돕는다. 그런데 보조 로봇들의 능력도 중요하지만, 보조를 받는 이들의 태도 역시 중요하다. 조지아 공과 대학에서 최근에 한 연구는 신체 장애가 있는 미국인들이 청소 같은 일을 로봇이 돕는 것은 환영하지만, 이동이나 식사, 목욕은 여전히 사람들이 돕는 것을 선호한다는 결과를 보여 주었다. 돌봄 제공자도 자신들이 완전히 로봇으로 대체되기보다는 로봇의 보조를 받으며 일하는 것을 명백히 선호했다.[13]

집안일을 보조하기 위해 설계된 로봇으로는 재팬 로직 머신(Japan Logic Machine)의 유리나(Yurina)가 있다. 2010년에 소개된 이 로봇은 가벼운 성인을 침대 밖으로 들어내어서 (가령 욕조로) 옮길 수 있고, 모터 달린 휠체어 같은 역할도 할 수 있다. 하지만 다른 의료 로봇들과 마찬가지로 유리나도 언제 상업적으로 이용 가능하게 될지는 불분명하다.[14] 사람들이 환자를 직접 들어 올릴 때의 위험성을 감안한다면, 그와 같은 로봇 보조는 돌봄 제공자들 간에 잠재적으로 광범위한 호소력이 있을지도 모른다.

베스틱은 식사 보조 로봇으로, 10대 시절 소아마비를 앓은 후 팔을 자유롭게 쓸 수 없게 된 창업자가 세운 한 스웨덴 기업이 생산한다. 식사는 사회적 상호 작용에서 매우 중요하기에, 스스로 식사를 할 수 있다는 점은 여러 수준에서 삶의 질을 높이는 데 기여한다. 하얀색으로 깔끔하게 디자인된 베스틱은 식탁 위에 놓인다. 베스틱은 발의 페달과 버튼, 조이스틱으로 통제되며, 미래에는 목소리로 통제될 것이다. 일본에서 만든 마이 스푼(My Spoon)이라는 로봇도 유사한 기능을 수행한다.[15] 세계 각 지역마다 식탁의 식기들, 음식물의 질감, 식사의 풍습이 매우 다양한 것을 고려할 때, 이와 같은 개인적 식사 보조 로봇들은 특정한 식문화와 매우 긴밀히 연관되어 있다.

기술적 보조를 선택하는 데 관여하는 한 가지 요인은 주어진 기술에 수반하는, 내재된 심리학적 신호들이다. 휠체어가 얼마나 로봇 공학적이건 간에, 휠체어에 앉아 있다는 것은 서 있는 어른으로 보일 수 없음을 의미한다. 외골격 기구들 같은 로봇 공학적 보행 기구들은 주변 환경에 대한 환자들의 태도/관점('attitude'라는 영어 단어의 두 가지 의미 모두를 가리킨다.)을 변화시킨다.[16] 많은 노인들은 의자에서 일어나려면 얼마간 도움이 필요하다. 프랑스 회사 로보소프트(Robosoft)의 로부랩(robuLAP)-10은 이 임무를 효과적으로 수행해 왔다. 로부랩-10은 다른 로봇 도구들과 함께 재활 병원 같은 기관에서 쓰일 목적으로 제작되었으나, 시장의 발전 속도는 더디다. 소프트웨어가 개량되고 안전 조치들이 더욱 광범위한 시도를 통해 검증되며, 생산 안전성이 분명해지고 더 널리 응용되는 데 따르는 기타 장벽들이 극복되면서, 사람들이 일상적으로 거주하는 환경에서 보조 기구들이 쓰이는 미래를 그려 보기란 어렵지 않다.

산업화된 나라에서 흔히 보이는 노령 인구의 증가세와, 로봇 공학의 많은 분야들끼리 서로 이어져 결과를 만들어 내는 발전들(더 나은 모터, 공유된 소프트웨어 라이브러리, 신소재, 마음-컴퓨터 인터페이스)을 고려한다면, 자립도를 높이는 로봇들에서 혁신의 행보는 빨라져야 한다.

노인 돌봄 로봇

노인을 돌보는 데 쓰이는 로봇은 종종 다양한 기능을 수행한다. 게코시스템스(GeckoSystems)의 케어봇(CareBot)은 돌봄 기능을 수행하지는 않지만, 개인을 관찰하고 행동에 피드백을 제공하며, 먹는 일과 약을 복용하는 일, 고양이를 안으로 들이는 일을 개인에게 상기시킬 수 있다. 스웨덴의 한 대학교는 지라프(Giraffe)라는 노인 보조 로봇을 만들었는데, 이 로봇은 혈압을 모니터하고 개인의 움직임을 관찰할 수 있으며 (개인의 규칙적인 수면 패턴을 학습하고) 만일 사람이 쓰러지거나 움직이지 않게 되면 경보를 보낼 수 있다.

할머니와 아기 바다표범 파로

연령 피라미드를 보기만 해도, 산업화된 나라들에 곤란한 상황이 닥쳐오고 있음을 우리는 알 수 있다. 즉 증가하는 비경제 활동 인구를 부양하기 위한 노동 연령대의 인구가 상대적으로 더 적은 상황에서, 개선된 영양 상태와 의료 서비스로 어느 때보다도 더 오래 살게 된 노인 인구를 돌볼 방법이 문제이다. 일본은 두드러진 사례를 제시한다. 86세 이상 인구의 비율은 1950년 전체 인구의 5퍼센트에서 2010년 23퍼센트로 증가했고, 2050년에는 40퍼센트에 달할 것으로 전망된다.

한편, 일본과 많은 산업화된 나라에서 노동 연령대 인구의 경제 생산성은 증가하는 은퇴자에게 재정 지원을 하기 위해서 개선되어야 한다. 저축만으로는 노후 대비가 충분히 되지 않기 때문이다. 다른 한편으로, 현재와 같은 수준으로 간호 조무사와 기타 돌봄 제공자를 공급하게 되면 노동력 부족과 경제적 불균형을 낳을 것이다. 돌봄 제공자들에 대한 수요를 줄이기 위해서는 돌봄 로봇이, 급격히 고령화하는 인구를 맞이한 각국의 경제를 새롭게 하기 위해서는 더 많은 산업 및 서비스 로봇이 필요하다.

파로는 아기 바다표범을 본뜬 동물형 장치이다. (그림 8.1 참조) 《월스트리트 저널(*Wall Street Journal*)》에 따르면, 파로는 일본의 공립 연구 기관인 산업 기술 총합 연구원(AIST)이 1500만 달러로 추정되는 비용을 들여 개발했다.[17] 파로는 2003년에 만들어진 이후 8세대 모형이 나와 있고 가격은 한 대당 약 6,000달러이다. 파로는 치료 요양 기관에서 많은 동물을 유지하는 데 필요한 복잡한 문제 없이 동물 치료의 혜택을 제공하기 위해 만들어졌다.

파로는 다섯 가지 형태의 센서를 장착했다.

- 촉각
- 빛

그림 8.1 노인 돌봄 로봇, 파로. (사진 제공: 캘리포니아 대학교 어바인 캠퍼스, Creative Commons license)

- 소리
- 온도
- 자세

가장 엄밀한 의미에서 로봇이라고 할 수 있는 파로는 밝음과 어두움을 구별할 수 있고, 따라서 수면 주기를 구별할 수 있다. 이는 스스로의 수면 주기와 인간의 수면 주기 모두에 해당한다. 인간이 파로를 쓰다듬거나 파로에게 말을 걸 때, 파로는 의도를 감지하고 몸짓과 소리에 따라서 반응할 수 있다. 파로의 신체와 얼굴 표현들은 노인들에게 과거의 기억을 떠올리게 하며, 특히 치매를 앓는 노인들을 파로가

진정시키는 사례가 보고되었다.

귀엽고 껴안고 싶게 디자인된 파로는 한편으로는 논쟁거리이다. 몇몇 비판자들은 사람들에게 생명 없는 물체를 '사랑하게' 하는 일에 진정성이 없다는 점을 지적한다.[18] 어떤 사람들은 돌봄 제공자나 특히 자녀들이 노인에게 파로를 안겨 주면서, 노인들과 의미 있는 인간적 접촉을 할 필요를 더는 느끼지 않게 될 것이라는 우려를 표한다. 한 언론 기사에 쓰인 대로, 그들은 대신에 스스로에게 다음과 같이 말할 것이다. "할머니를 걱정하지 마라. 할머니에게는 대화 상대 로봇이 있단다."[19]

켄타우로스

어떤 인간-로봇 협력 관계에서 인간과 로봇은 서로의 능력을 향상시킨다. 하지만 인간과 로봇 사이에서 50 대 50에 가까운 분업은 바람직하기는 하더라도 달성하기 어렵고 복잡한 목표이다. 그와 같은 협력 관계의 전망은 학술적 문헌에 잘 드러나 있다. 서던 캘리포니아 대학교의 로봇 공학자 조지 베키는 2005년 다음과 같이 썼다. "우리는 단순하거나 복잡한 업무 모두에서 인간과 로봇 간의 협력이 당연한 인간-로봇 공생을 기대한다."[20] 더 최근에 MIT의 브리뇰프슨과 맥어피는 "제2의 기계 시대는 우리의 세계를 더 잘 이해하고 개선하기 위해 무수히 많은 기계 지능과 수십억 개의 상호 연결된 두뇌가 함께 일하

는 것으로 특징지어질 것이다."라고 예견했다.[21]

이런 협력을 이해하기 위해서는, 다음과 같은 질문이 도움이 된다. "컴퓨터와 인간 중 누가 일을 더 잘 수행하는가?" 이에 대한 '짤막한' 대답은 분명하다. 일의 성격에 따라 다르다는 것이다. 컴퓨터는 이제 의문의 여지 없이 그랜드마스터 수준의 인간 선수보다 더 능숙하게 체스를 한다. IBM의 인공 지능 왓슨이 「제퍼디!」에 출연한 최고의 인간 참가자에게 거둔 매우 가시적인 승리는, 인공 지능이 많은 언어를 사용하는 상식 퀴즈 대회에 얼마나 성공적으로 적용될 수 있는지를 보여 준다.

다음에는 무엇이 도래할 것인가? 2015년 초, 세계 상위 10위권에 드는 포커 선수 네 명이 카네기 멜런 대학교의 컴퓨터 한 대와 매우 긴 마라톤 포커 경기를 겨루었다. 판돈 무제한 텍사스 홀덤 포커의 복잡성을 고려할 때, 이전 「제퍼디!」와 달리 이번에는 인간 선수의 완패로 승부가 나지 않은 것에 개발자들은 거의 놀라지 않았지만, 통계학적 무승부는 인간 선수들을 우쭐하게 했다. 각 선수는 베팅을 2만 번 했는데, 2주간 치러진 인간 대 컴퓨터 포커 경기에서 내기로 걸린 칩의 총액은 1억 7000만 달러에 달했다. 마침내 인간 선수 측이 100만 달러 안 되게 앞서갔다. 컴퓨터가 한 번에 걸린 판돈 700달러를 따기 위해 1만 9000달러나 베팅했음에도 말이다.[22]

현재는 '누가 더 나은가?' 같은 질문에 대한 '긴' 대답이 부상하고 있다. 인간과 컴퓨터가 결합된 한 팀이 더 낫다. '켄타우로스(Centaurs, 그리스 신화에 나오는 상반신은 인간이고 하반신은 말인 상상의 종족. — 옮긴이)'는 인간과 로봇으로 결합된 한 팀을 가리키는 데 쓸모 있는 용어이다. 이렇게 구성된 팀의 구성원인 인간과 로봇은 각각 그들이 가장 잘 하는 일을 한다. 우리는 인간과 로봇 모두가 결합된 팀들이 인간만으로 구성되거나 로봇만으로 구성된 팀보다 더 일을 잘 하는 것을 보고 있다. 다음은 진보가 널리 알려진 것보다 더 빠르게 일어나고 있는 네 가지 영역들이다.

첫째, 아우디는 자동차 경주 클럽 수준의 인간 운전자를 시간 경주에서 이길 수 있는 경주용 차를 개발하려고 스탠퍼드 대학교의 자율형 자동차 연구실과 팀을 구성했다. 아직 직접 맞붙는 경주가 없었으니, 순수하게 유인 경주차 간의 경쟁에서 느껴지는 아드레날린이나 치열한 경주 전술은 없었다. 아우디 경주차는 단순히 미리 프로그램된 노선과 그 경주로를 둘러싼 조건을 따른다. 즉 그 차는 실제로는 아직 경기를 해 본 적도, 이긴 적도 없었다.[23] 켄타우로스 모형은 다음과 같은 곳에서 잘 발전된다. 가령 안정성 통제, 앤티록(antilock)식 브레이크 장치(급제동 시 바퀴의 록을 방지하고 핸들 조작 불능이나 차량의 미끄러짐을 막는 방식의 브레이크 장치. ― 옮긴이), 정교화된 전륜(全輪) 구동 시스템은 모두 디지털 방식으로 인간 운전자의 기술을 증대시킨다. 오래된 차종을 제외하고는, 켄타우로스 같지 않은 차를 발견하는 일이 현재는 어렵다.

둘째, 인터넷은 이미지로 가득 차 있으며, 그중에는 매우 아름다운 것도 있다. 야후 연구소와 바르셀로나 대학교의 연구자들은 사람들의 '의결(vote)'이 포함된 트레이닝 세션의 결과들을 이용해, 이미지 데이터베이스를 샅샅이 뒤져서 아름답지만 잘 알려지지 않은 이미지를 발견하는 알고리듬을 가르쳐 왔다.[24] 《이코노미스트》가 지적했듯이 기계 학습 분야는 급속히 개선되고 있는데, 부분적으로는 대량의 데이터와 실제로 무제한의 계산 용량을 모두 갖춘 거대한 웹 사업체들이 발전시킨 심층 학습을 통해 이루어지고 있다. 구글과 페이스북(Facebook)은 그중 우리에게 친숙한 사업체이다. 중국의 웹서비스 업체인 바이두(Baidu)는 인공 지능에 기반을 둔 인간-로봇 팀워크 분야의 신규 진입 업체로서, 일부 고급 인재를 채용하고 있다.[25]

셋째, 인공 지능 딥 블루가 카스파로프를 이긴 이후 체스 경기 분야는 이전과 달라졌다. 이는 부분적으로 딥 블루가 소프트웨어 버그 탓에 다소 어리석은 수를 두었다고 카스파로프가 추측하기보다, 딥 블루가 본질적으로 자신보다 더 똑똑할 것이라고 생각해 카스파로프가 잘못 대응한 탓에 일어났다.[26] 하지만 대략 2013년 이후 평균적인 선수와 좋은 소프트웨어가 결합된 켄타우로스 팀은 그랜드마스터급의 인간 선수와 컴퓨터를 모두 이길 수 있었다. 이러한 형태의 경기는 켄타우로스라는 용어가 가장 먼저 정착된 분야이기도 하다.[27]

넷째, 외골격 장치는 할리우드의 SF 영화에서 공통적으로 보인다. 하지만 인간 신체를 둘러싼 채로 인간 능력을 증대시키게 되는 로봇은 현재 여러 영역에서 이용되고 있다.

- 뇌졸중 환자나 수족 절단 환자, 신체 마비 환자를 위한 재활
- 군인들이 덜 지친 채로 더 오래 행군하거나 달릴 수 있게 하는 신체적 증강(DARPA), 비장애인들이 물건을 들어 올리는

능력을 증대시키는 (군사적이거나 기타 환경에서의) 신체적 증강

- 로봇 공학적으로 보조된 수술. 다 빈치 수술 시스템은 의사의 손가락 조작을 수술 분야에서 더 정밀한 움직임으로 연장시킨 일종의 특수한 외골격 장치이다.

입을 수 있는 외골격 장치의 설계자들이 직면하는 하나의 커다란 도전 과제는 인간 크기에서 일하기에 충분할 만큼 가벼운 동력원을 만드는 일이다. 창고에 있는 지게 트럭은 보통 날라야 하는 대상 물체보다 무게가 1.6~2배 더 나간다. 무게가 90킬로그램 나가는 물체를 가져오고자 하는 무게 70킬로그램의 인간에게, 이 같은 비율은 외골격 장치만으로 무게가 약 300킬로그램 나가게 할 것이다. 따라서 외골격 장치를 인간이 장착하고 물건을 들게 되면 전체의 무게는 약 460킬로그램 나가게 된다. 배터리의 무게를 가볍게 하는 것은 전체 조합의 무게를 줄이는 가장 빠른 방법이다. 많은 양의 배터리 전력은 단순히 배터리와 그 배터리를 지탱하기에 충분히 강한 틀을 운반하는 데 소모될 것이기 때문이다.

로봇 공학자들과 컴퓨터 과학자들이 켄타우로스에서 로봇이 담당할 측면을 어떻게 설계하는지 주시할 필요가 있다. 이 설계는 예측하기 어려운 방식으로 표출되는 인간적 능력에 맞추어 최적화될 수 있다. 유사하게, 인간이 과업의 일부를 기계에 맡기게끔, 또 자신과 로봇의 켄타우로스 관계를 놓고 너무 고민하지 않게끔 인간을 교육하는 일은 어떤 상황에서는 쉽지 않을 수 있다. 다른 상황에서(예컨대 오늘날

사용되는 차량의 견인 제어 기능) 인간은 이미 능력이 증강되어 있지만 심지어 그것을 깨닫지 못하고 있다. 하지만 실험 상황에서 기계의 판단을 신뢰할 것을 명시적으로 요청받으면 인간은 이를 주저한다.[28]

동시에, 켄타우로스는 끝이 없이 지속되는 인간의 어리석음과, 알고리듬의 명석함이 지닌 한계 모두를 다루어야 할 것이다. 자율형 자동차는 중앙선으로 분리된 고속 도로에서, 맞은편에서 중앙선을 넘어 역주행하며 달려오는 술 취한 운전자의 차를 마주할 때 어떻게 할 것인가? 월스트리트는 영리한 단기 투자자의 투기성 거래에 프로그램 거래 로봇이 불안정하고 예측 불가능한 방식으로 반응할 때 어떻게 할 것인가? 미국 주식 시장에서 일어난 2010년의 '주가 급락(flash crash)' 사태는, 블랙박스 시스템에 잘못된 거래 행위를 유발해 시장 전체를 교란시키게끔 명백히 사기성 주문을 넣은, 그것도 알고리듬적인 방식이라기보다 수작업으로 한 어느 영국인이 촉발한 것으로 드러났다. (그런데 그 투기성 거래는 통했던 것으로 보인다. 그 단기 투자자는 4년에 걸쳐 4000만 달러를 벌어들였다.[29]) 여기서 요점은 다음과 같다. 어리석거나 영리한 인간들과, 오류가 있을 수 있는 컴퓨터화된 존재 간의 예상치 못한 상호 작용은, 앞으로 수십 년 동안 가장 복잡한 영역으로 남아 있게 될 것이라는 점이다.

우리는 왜 로봇에 감정을 느끼는가

살아 있지 않은 물질에서 인간의 능력을 창조하려는 시도는 그 기원이 고대까지 거슬러 올라가는데, 21세기의 로봇 공학은 프랑켄슈타인 박사의 창조물부터 기계식 작업 도구에 이르는 모든 맥락에서 이해되어야 한다. 이와 같이 풍부하고 복잡한 유산을 고려하건대 로봇과 인간이 어떻게 함께 일할 수 있고, 일할 수 있었는지를 결정적으로 이해하기란 불가능하다. 하지만 다양한 학문 분과에서 이루어진 선구적인 연구들은 유망한 방향들을 제시한다.

다른 범주의 도구들과 달리, 사람과 더불어 일하는 컴퓨터는 순전히 기계적인 도구가 제기하는 것과는 매우 상이한 문제들을 제기한다. 여기에서는 두 현상이 관심을 끈다.

불쾌한 골짜기

'불쾌한 골짜기(uncanny valley)' 현상은 극도로 생명체와 닮아 있지만 인간의 신경을 거스르는 컴퓨터 애니메이션과 로봇을 가리킨다. 생명체 같지는 않지만 영구한 매력을 지니는, 손으로 그린 저해상도의 디즈니 애니메이션과 매우 대조되는 '불쾌한 골짜기'의 고전적인 사례로는 영화 「폴라 익스프레스」에서 톰 행크스가 맡은 기관사 캐릭터의 디지털 애니메이션이 있다. 행크스의 목소리 연기를 디지털화하는 데 이용된 몸동작 캡처 기구와 픽셀의 수에도 불구하고 눈의 근육과 얼굴의 움직임, 애니메이션의 음영은 시청자를 불쾌하게 하고 있었다. 이전 컴퓨터 애니메이션에서는 일반적으로 기술적 능력에서의 이점이 캐릭터의 더 큰 호소력으로 이어졌지만, 이번에는 그렇지 못한 것이다.

'불쾌한 골짜기'는 로봇에도 해당된다. 지나치게 생명체와 유사한 피부 중합체(skin polymer)나 얼굴 움직임은 분명하기는 하지만 완전히 이해되지는 않는 이유로 인간을 불쾌하게 할 수도 있다. 이런 견지에서, 2014년에 도입된 '가정 로봇' 지보는 연구실에서 앞서 실험된 모형인 키스멧보다 인간과 훨씬 덜 닮은 모양으로 만들어졌다. (그림 8.2의 A와 B 참조)

의인화: 전격 Z 작전

심지어 컴퓨팅이 이동형 로봇의 형태를 띠기 전에도, 인간은 놀라운 방식으로 무생물인 대상과 상호 작용하고 있었다. 바이런 리브스(Byron Reeves)와 클리퍼드 내스(Clifford Nass)의 작업은 이런 측면에서 고전적이다. 이들은 개인용 컴퓨터에 대한 사람들의 반응을 꼼꼼하게 측정했다. 이들은 사람들이 경제적 계층과 연령대, 성별을 막론하고 이미 1980년대같이 이른 시기부터 인간적 속성들, 이를테면 지능, 학습, 기억, 성격을 컴퓨터에 일상적으로 부여했는데, "전선, 실리콘, 기계적 연결부, 컴퓨터 코드의 집합체"인 개인용 컴퓨터에 부여된 인간적 속성에 아무도 문제 제기할 필요를 느끼지 않았다는 점을 발견했다.[30]

MIT의 심리학자 셰리 터클(Sherry Turkle)은 인간과 기계 간의 깔끔하지 않은 경계선을 탐색하며 인공 지능, 로봇 공학 및 다른 분야의 연구자들과 긴밀하게 작업을 하고 있다. 터클은 모바일 컴퓨팅, 사회 관계 망, 기타 디지털 기술들이 인간을 고립시키고 아마도 인간의 정서적 지형을 손상시키는 방식으로 재형성할 가능성에 대해 설득력 있는 비판을 한다.[31] 요컨대 그녀는 결코 기술 선동가는 아닌 셈이다. 그럼에

A

B

그림 8.3 (A) MIT에서 개발된 감정 표현 로봇 키스멧 (B) 상업용 소셜 로봇 지보

도 불구하고 1990년대에 터클이 키스멧의 동료 로봇인 코그(Cog)와 함께 연구실에 있었을 때 그녀의 행동은 달라졌다.

> 코그는 내가 방에 들어온 후에 나를 '알아챘다.' 코그는 시선으로 나를 좇기 위해 고개를 돌렸는데, 그 동작이 나를 행복하게 했다는 것을 알게 되자 나는 당혹스러웠다. 나는 그 로봇의 주의를 끌기 위해 다른 방문자와 내가 경쟁하고 있다는 것을 깨달았다. 어느 때인가 나는 코그의 눈길이 내 눈길을 '사로잡았음'을 확인했다. 코그와 대면하는 일은 내 마음을 동요시켰는데, 이는 코그가 할 수 있던 어떤 것 때문이 아니라 '그(him)'에 대한 나 자신의 반응 때문이었다. …… 내가 다른 누군가도 아닌 바로 나임에도 불구하고, 내가 이 연구 프로젝트에 지속적으로 회의감을 느낌에도 불구하고, 나는 또 다른 존재와 더불어 있는 듯 행동했던 것이다.[32]

터클이 인간의 속성을 무생물인 대상에 귀속시킨 유일한 인물은 아니다. 아이로봇의 전투 로봇들은 이라크와 아프가니스탄에서 민간 부설 폭발물을 탐색하고 해체하는 작업 중에 발생하는 위험에서 군인들을 벗어나게 함으로써 생명을 구해 주었다. 폭발로 파괴된 로봇들은 종종 보스턴 외곽의 아이로봇으로 보내져야 했다. 2006년의 뉴스에 따르면, "폭발물 전담 처리반(Explosive Ordinance Disposal, EOD) 부대원들은 그 로봇을 일상적으로 이용했고 별명을 붙여 주었으며, 로봇에 인간과 같은 성격을 가공해 부여해 주었다. '스쿠비 두(Scooby Doo)'

라는 이름이 붙은 로봇 한 대는 폭발물 한 개를 해체하는 데 성공하자 머리에 훈장처럼 체크 마크가 부착되었다." 그 기사는 다음과 같이 지적했다. "스쿠비 두가 파괴되었을 때 조종사는 스쿠비 두를 부상 입은 아이처럼 팔에 안은 채 수리점에 맡기면서, 스쿠비 두를 고칠 수 있는지 물었다."[33]

《월스트리트 저널》은 2012년에도 같은 행동을 보도했다. 부대가 때때로 전투 로봇에 정서적으로 연대감을 느낀다고 지적하면서, 로봇 공학 박사 학위를 보유한 어떤 장교의 말을 다음과 같이 언급했다. "군인들과 해병대원들은 때때로 자신들의 로봇에 이름을 붙여 준다. 로봇들이 성공적으로 지뢰나 폭발 장치를 찾아냈을 때 전장에서 '승진'을 시켜 준다." 나는 아이로봇 대변인에게서 동일한 이야기를 많이 들어 왔고, 싱어도 『하이테크 전쟁』에서 이를 기술한다.[34]

연관된 사례는 엔터테인먼트 업계에서도 발견된다. 1980년대에 텔레비전에서 상영된 드라마 「전격 Z 작전(Knight Rider)」은 젊은 연기자인 데이비드 해셀호프(David Hasselhoff)와, '키트(KITT)'라는 이름이 붙은 말하는 폰티악 트랜스암 차종을 출연시켰다. 그 차가 이후 유니버설 스튜디오 테마파크에서 전시되었을 때 사람들은 차 안에 앉아 보기 위해 줄을 섰으며, 키트는 원래의 메커니컬 터크(여기서는 현재 아마존의 크라우드소싱 인터넷 시장을 의미하기보다, 인간이 배후에서 조작하게끔 18세기에 제작된 위장 체스 기계를 가리킨다.—옮긴이)가 했던 방식으로 무선 원격 마이크로 연결된 인간을 통해서 사람들에게 말을 걸었다.

당신은 스낵봇을 기분 나쁘게 했어요

카네기 멜런 대학교의 로봇 공학 연구소에서 2011년에 행한 선구적인 연구는 스낵 운반 로봇인 스낵봇(Snackbot)을 사무실에 놓아 둔 다음 이 로봇의 활동과 존재에 대한 인간의 반응들을 기록했다. 참여자들은 웹 인터페이스를 통해 스낵을 주문했다. 크기가 1.5미터이며 바퀴 달린 로봇은 '머리'에 정서를 표현하는 화면을 장착하고 있었고, 인사나 짧은 이야기, 스낵 거래, 모임에서의 작별에 대해서 미리 프로그램된 대사를 말하는 음성 합성기가 있었다.

인간 참여자들은 "스낵을 놓고 가는 스낵봇"과 최소한의 상호 작용을 기대했지만, 인간과 로봇의 상호 작용이 보인 진전은 놀랄 만했다. 의인화된 방식으로 상호 작용하는 일이 통상적으로 일어났다. 사람들은 스낵봇이 고장 나거나 닫혀 있는 문에 말을 걸 때 유감스러워했다. 선불리 판단하지 않는 스낵봇의 성격은 일부에게 매력 있게 느껴졌고, '그'는 2주 만에 작업장의 일원으로 받아들여졌다. 스낵봇과의 상호 작용을 위한 규범들이 나타났다. (스낵봇의 말을 중간에 끊지 않는 것을 포함해서) 표준적인 인간의 예의가 기계적인 상호 작용을 대체했다. 한 노동자가 동료에게 다음과 같이 말한 사례도 있다. "자, 당신은 제정신이 아니에요. 당신은 스낵봇을 기분 나쁘게 했단 말이에요." 다른 조건에서, 참여자들은 동료 노동자가 노동 윤리를 보여 주거나 건강한 스낵을 선택할 때 스낵봇이 동료를 칭찬하자 질투심을 느꼈다. 스낵봇은 말투나 이동 패턴을 보았을 때 몇몇 노동자를 '좋아하는' 것으로 보였다.

연구자들은 로봇에 대한 인간들의 통상적 반응을 훨씬 넘어서는 '물결 효과(ripple effect)'를 목도했다. 즉 사람들은 로봇에 "공손함, 보호, 모방, 사회적 비교, 심지어 질투"마저 표현했던 것이다. 스낵봇의 존재는 인간이 서로 상호 작용하는 방법을 매우 예상치 못한 방식으로 변화시켰다.[35] 만일 기능이 많지 않은 스낵 배달 기계가 인간에게 그와 같은 영향을 미칠 수 있다면, 훨씬 더 다양한 기능이 있는 로봇은 미래에 우리에게 얼마나 더 큰 영향을 미칠까? 경영자들과 연구자들은 그 영향을 어떻게 잘 모니터하고 조절할 수 있을까?

실험실에서든 전장에서든 테마파크에서든 거실에서든, 사람들은 전자적이고 기계적인 대상들에 심리적으로 의미 있는 방식으로 비자발적이고 일관되게 반응한다. 하지만 그들은 과연 무엇에 반응하고 있는 것인가? 로봇이 의식을 얻을 수 있다고 주장하는 주요 SF 작가들과 로봇 공학자들이 있다. 이전에 MIT의 로드니 브룩스는 다음과 같이 썼는데, 이런 주장이 그 혼자만의 것은 아니다. "나 자신의 믿음은 우리가 기계라는 것이다. 이로부터 나는 다음과 같이 결론짓는다. 원리상 진정한 감정과 의식을 모두 갖추고 있는, 실리콘과 철로 된 기계를 만들지 못할 이유는 없다는 것이다."[36] 브룩스는 커즈와일과 매우 유사하게 다음과 같이 추론한다. "인공적인", 그리고 "자연적인" 하위 체계들의 지속된 뒤섞임은 잡종의 생명 형태를 낳게 될 것이고, "우리와 로봇 사이의 구분은 사라지게 될 것이다."[37] 그날이 결코 오지 않을지 모르지만, '왜 인간은 로봇의 형태에 그토록 강렬한 감정으로 반응하는가?'라는 질문은 남아 있다.

9강
미래 경로를 탐색합니다

컴퓨팅이 얼마나 스스로 분명하게 변화를 나타낼지는 몰라도, 컴퓨팅은 현재 변화하고 있다. 이 변화들은 중요한 결과를 낳는데, 이는 컴퓨팅이 인간의 인지, 우리 자신과 우리를 관찰하고 분석하는 이들의 인지를 증폭시키기 때문이다. 우리는 우리가 무엇을 행하는가보다 우리가 무엇을 생각하고 말하는가로 우리 스스로를 훨씬 더 많이 규정짓기 때문에, 현재의 로봇 공학은 인간 정체성에 대한 규정과 주장에 근접해 가고 있다. 동시에, 물리적 세계에서 작동하는 컴퓨팅 능력으로 힘이 부여된 기계들은, 인간적이라고 해석될 수 있고 간주될 수 있는 어떤 특성들을 띠어 가고 있다. 컴퓨팅에서 네 가지의 넓은 변화는 새로운 방식으로 인간들에게 영향을 미친다.

모양은 다양하게

입는 형태이든 휴머노이드 로봇이든, 자기 복제를 하는 3차원 프린터이든 혹은 로봇 자동차이든, 우리가 컴퓨터라고 생각하는 것의 형태는 계속해서 변화해 왔고, 한때 컴퓨터 하면 베이지색 상자를 떠올리던 모양새는 이제 먼 과거의 기억이 되어 버린 듯하다.

전 지구적인 규모로

IBM의 최고 경영자인 토머스 왓슨(Thomas Watson)이 말한 것으로 추정되는 다음과 같은 인용구를 1990년대에는 많은 이들이 웃으며 조롱했다. "나는 하나의 범세계적인 시장이 고작 컴퓨터 네다섯 대를 위해 있다고 생각한다." 이제 구글과 아마존이 데이터 센터를 위한 범세계적인 규모의 네트워크를 만들어 가면서, 이 말의 요지는 진실의 울림을 갖게 된다. 우리가 애플의 시리를 이용하든지, 넷플릭스(Netflix)의 영화를 보든지, 구글 지도를 찾아보든지, 웹 기반 이메일을 읽든지, 혹은 페이스북에 접속하든지 간에, 과거 개인용 컴퓨터 중심이던 응용 프로그램, 네트워크, 프로세서의 세계는 우리의 일상적 현실과 점점 덜 맞아 들어가는 듯이 보인다. 로봇 공학적 도구가 전 지구적인 컴퓨팅 망의 물리적 구현이라는 생각은 다가오는 미래에 더욱 친숙해질 것이다.

더 가까이

'개인용' 컴퓨터는 종종 잠금 장치가 걸려 있으며 회선에 연결된 채 책상 위에 놓여 있었다. 스마트폰은 주머니와 지갑 속에, 침실용

탁자 위에 가만히, 개인용 컴퓨터보다 더 가까이 있다. 하지만 이제 우리는 컴퓨터를 신발 속에, 안경 속에, 인공 보철물 속에, 심지어 신경 말단에 집어넣을 수 있다. 실리콘에 기반을 둔 컴퓨팅 플랫폼과 인간이 계속해서 더 철저하게 뒤섞여 가면서 흥미로운 일들이 일어날 것인데, 그중 어떤 것들은 꺼림칙할 것이고 또 어떤 것들은 우리에게 영감을 줄 것이다.

더 명확하게

수치를 조작하고 포탄의 궤도를 계산하는 일부터 워드프로세스 작업과 음악 생산, 포토샵, 현재는 인공 지능에 이르기까지, 컴퓨팅은 오랜 길을 지나며 이제 인간을 규정하는 과정의 일부에 그 어느 때보다 근접하게 되었다. 이러한 변화의 광범위함과 거대함을 고려하면, 우리가 무엇에 가치를 부여하며 컴퓨팅은 우리의 활동과 신념에 어떻게 영향을 미치는지 양쪽 모두를 검토하는 일은 중요하다.

마력(馬力)에 빗대어서 힘을 측정하게 된 증기 기관과 자동차의 힘과는 달리, 인공 지능이 인간의 지각 능력에 얼마나 가까이 근접해 가고 있고 그것을 증대시킬지를 측정할 수 있는 마력과 비슷한 방식이 우리에게는 없다. 180마력을 지닌 어떤 차는 300마력을 지닌 다른 차와 쉽게 비교가 가능하다. 하지만 우리는 클라우딩 컴퓨팅, 진전된 스포츠 측정 방식, 주식 시장 알고리듬 거래 시스템의 상대적인 힘과 크기, 심지어 더 명확성이 있는 음성 인식 스마트폰 보조 도구들의 상대적인 힘을 어떻게 측정할 것인가? 애플은 새로 등장한 시리 3.0이 얼마나 '이번 버전보다 더 낫게' 기능하는지 어떻게 말할 것인가?

컴퓨팅이 우리를 인간적이게끔 하는 일들을 수행하는 데 근접해 가면서, 명확성과 측정 기준이 없음을 숙고하는 일은 중요하다. 컴퓨팅 능력이 자유롭게 되어 우리의 육체에 들어오고 이를 측정하게 되면서 실제적인 정보 교환의 필요성은 어느 때보다 더 커진다. 즉 컴퓨팅은 이제 인간과 같은 일들을, 인간의 공간에서, 인간과 함께 하게 된다. 하지만 우리에게는 로봇이 무슨 일을 하고 있으며, 올해의 모형이 가령 2010년도의 모형에 비해서 얼마나 일을 잘 하는지를 묘사할 언어가 없다.

다섯 가지 특별한 문제가 부상하고 있다. 이것들은 결합된 형태로 인간의 정체성, 행위자성, 권리, 책임에 대해 중요한 문제를 제기하고 있다. 1강에서 언급한 대로, 이 문제들은 단지 컴퓨터 과학자나 공학자뿐만 아니라 더 많은 이들이 논의할 필요가 있다.

1. 빅 데이터의 통찰력과 환상

물리적 세계를 데이터 모형으로 전환하는 일은 용량이나 능력은 말할 것도 없고 방대한 컴퓨팅이 필요하다. 로봇과 자율 주행 차가 현실적인 이유는 운행 임무에 이용될 수 있는 센서와 알고리듬, 처리 능력이 있기 때문이다. 한편, 비로봇용 센서의 영역에서 감시 카메라들은 많은 양의 정보를 생산하는 것으로 악명이 높다. (대부분은 인간이 보는 경우에만 유용하다.) 그리고 기계가 생산한 소음과 기타 신호들이 쌓여 간다는 것은 어느 때에 와서는 지나치게 많은 정보의 공급량이 우리를 압도하게 됨을 가리킨다. 이는 최소한 신호 처리와 해석이 개선될 때까지 그러할 것이다. 어쨌건 이 분야들은 발전하고, 로봇 공학은 더 예견 가능한 미래에 다양하게 정의된 '빅 데이터'의 신화와 기술적 진보에 연결될 것이다.

2. 자본과 노동의 새로운 역할

에릭 브리뇰프슨과 앤드루 맥어피가 자신들의 공저 『제2의 기계 시대(*The Second Machine Age*)』에서 주장하는 바처럼, 멱함수의 법칙은 연결된 시스템의 여러 측면을 특징짓는다.[1] 예를 들어 경제적으로 가장 부유한 이들은 더 부유해지고 더 큰 힘을 갖게 되는 반면, 가진 기술이 가장 적은 이들은 더 가난해지고 더 주변부로 몰리게 된다. 경제 사다리의 밑바닥 층에서 정상으로 오르는 길은 매년 줄어든다. 많은 나라에서 세대 간 사회적 이동이 느려지고 있기 때문이다.[2] 이처럼 커지는 양극화와, 양극화에서 컴퓨팅이 하는 역할은 아마도 구글의 로봇 공학에 대한 막대한 투자를 설명해 줄지 모른다. 즉 사회 관계망 서비스를 페이스북("넥스트 구글")에 양도하면서, 구글은 이제 물리적 컴퓨팅과 연관된 핵심 특허들과 시장들을 소유하고자 한다. 이 물리적 컴퓨팅은 차 안에 있을 수도 있고 얼굴에 쓸 수도 있으며(구글 글래스), 벽에 걸 수도 있고(네스트) 공장에 있을 수도 있으며(폭스콘과의 조인트 벤처), 극단적인 상황에 있을 수도 있다. (샤프트)

3. 프라이버시

로봇은 감지 능력을 가지고 우리 사이를 이동하면서 많은 데이터를 수집할 것이다. 그간 수천만 명의 정보(이중 일부는 지문과 같이 극도로 사적인 것들이다.)가 유출된 여러 사건에서 보아 왔듯이, 개인의 사적 정보를 침해하는 범위는 매년 확장된다. 로봇 공학적 능력 하나를 예로 들자면, 얼굴 인식은 우리가 페이스북이나 다른 곳에서 선택할 수 있는 것이 아니다. 하지만 자동화, 기계 시각, 계속해서 증가하는 카메라 및 기타 센서들과 마찬가지로 구글 글래스와 더불어 우리 중 누군가의 얼굴을 광대한 데이터베이스에 연결해 주는 하이퍼링크로 만드는 일은 우리가 모르는 사이에 곧 일어날 수 있다.

4. 자동 기계, 증강 기술, 정체성

능력이 증강된 사람을 우리는 무엇이라고 부르는가? 스티븐 호킹은 음성 합성기가 설치된 로봇 공학적 휠체어를 타며 사이보그라는 개념 정의에 아주 정확하게 맞아떨어지기는 했지만, 그는 '천재'라는 호칭으로 불리기에 충분했다.

운동 경기에서 능력이 증강된 인간들에게는 어떤 경기 규칙들이 있게 되는가? 미국의 수학 능력 시험(Scholastic Aptitude Test, SAT) 감독관은 주의력 결핍 과잉 행동 장애가 아닌 정상 수험생들을 대상으로 리탈린 복용 여부를 검사해야 하는가? 인사 담당관들은 '능력이 증강된(human+)' 취업 지원자들을 어떻게 평가하게 될 것인가?

인간과 기계 사이의 스펙트럼 중 기계 방향의 극단에서, 때때로

비상하게 인간의 능력을 모방하는 어떤 기계를 우리는 무엇으로 부를 것인가? 앨런 튜링(Alan Turing)은 1950년에 한 가지 아이디어를 내놓았다. 이후 다른 여러 가지 제안들이 만들어졌다.[3]

양자택일의 구분들은 곧 구분이 어려운 것들로 압도될 것이다. 이는 오늘날의 단순한 유형 구분이 실패할 것이라는 명백한 신호이다.[4] 보스턴 다이내믹스가 만든 다족 보행 로봇의 진보가 보여 주듯이 컴퓨터가 점점 더 포유동물의 형태를 띠어 가는 한편, 컴퓨팅은 (언어 유희나 수수께끼를 이해하는 일과 같은) 점점 더 많은 인간 능력들에 근접할 수 있다. 적어도 '인간은 무엇인가?'와 '무엇이 인간을 특별하게 만드는가?' 같은 질문들은 곧 더욱 큰 논란거리로 떠오를 것이다. 심지어 2015년의 한 신문 기사는 인간과 로봇의 결혼을 허용하자는 제안을 하기도 했다.[5]

5. 이해되지 않고 통제되지 않는 시스템

아마 이러한 경향을 보여 줄 가장 생생한 사례로는 미국 다우존스 산업 평균 지수가 갑자기 폭락했다가 이후 20분 만에 600포인트를 회복한 2010년의 주가 급락 사태가 있을 것이다. 자동화된 거래 시스템이 한 영리한 영국인 단기 거래자의 투기적 거래에 과잉 반응해, 초기에 과도한 매매 주문을 내놓은 후 물러나서 일시적인 시장 유동성의 부족을 초래한 것으로 이 사태는 널리 여겨지고 있다.[6] 금융 시스템에 내재한 모든 보호 장치를 고려해도, 만일 뉴욕 주식 거래소의 부 전체가 수작업으로 이루어진 사기성 주문에 자동화된 응답을 해서 총

가치의 9퍼센트를 잃을 수 있다면, 수백만의 센서들이 유사한 비정상적 행동을 드러내 보일 가능성은 얼마나 될 것인가? 컴퓨터 프로그램은 쉽게 이러한 규모로 스트레스 테스트(stress test, 금융에서는 금융 기관의 재무 건전성 평가 방법을 가리키며, 컴퓨팅의 소프트웨어에서는 일반적 환경보다 부하가 매우 큰 환경을 가해 튼튼함과 이용 가능성, 오류 관리를 검사하는 일을 가리킨다. ― 옮긴이)를 받을 수 없다. 또한 독립적이지만 상호 작동하는 시스템들 사이의 상호 작용 또한 논리적으로 예견될 수 없다. 이 경우 로봇 소유자와 제작자의 권리와 책임은 어떻게 되는가?

더욱이, 우리가 스스로의 인지적인 책임을 덜기 위해 기계에 더 의존할수록 우리는 중요한 일들을 어떻게 하는지 점점 더 망각하게 된다. 2009년 리우데자네이루에서 파리로 향하던 항공기 에어프랑스 447호의 충돌 사고를 분석한 결과는 자동화로 인한 인간 기술의 쇠퇴라는 중요한 문제를 제기한다. 즉 비행 경험이 수천 시간 있었는데도 불구하고 몇몇 승무원은 실제 비행기를 몰아 본 경험이 매우 적었으며, 문제 상황에 처한 경험은 더욱 적었다.[7] 미국 해군 사관 학교(U. S. Naval Academy)는 GPS의 높아진 정확도를 고려해 1997년 교과 과정에서 천문 항법(celestial navigation, 천체 관측을 이용하는 전통적인 항법이다. 2015년 말 미국 해군 사관 학교는 GPS 해킹 공격의 위험에 대비해 천문 항법을 교과 과정에 다시 부활시킨다고 발표했다. ― 옮긴이)을 빼 버렸다. 여전히 생도들에게 육분의(六分儀) 사용을 교육하고 있기는 하지만 말이다. (하지만 받침대와 종이는 이 교육에서 더는 사용되지 않는다.)[8] 휴대용 계산기가 나온 후 고등학생들은 분수의 덧셈과 뺄셈을 할 줄 모르게 되었다. 분수 계산은 소수 계산을 거의 하지 않는 목수나 기타 상인들에게 필수적이다. 디지털 도구들은 의도되지 않은 효과를 가져온다.

세 가지 질문들이 여기서 떠오른다. 인간은 무엇을 잘 하는가? 컴퓨터는 무엇을 잘 하는가? 인간과 컴퓨터의 협력은 다가올 미래에 어떤 형태로 변화할 것인가?

몸과 마음

> 따라서 우리는 2030년대 초에 매년 약 10^{26}~10^{29}cps(calculation per second, 초당 연산 수를 가리키는 단위이다.)의 비생물학적 계산 능력에 도달하게 될 것이다. 이것은 대략 모든 살아 있는 생물학적 인간 지능의 능력에 대한 우리의 추정치와 동일하다. …… 하지만 2030년대 초엽의 이러한 계산 능력 상태는 '특이점'을 나타내지는 않을 터인데, 아직 우리 지능의 심원한 확장에 상응하지는 않을 것이기 때문이다. 하지만 2040년대 중반까지 1,000달러 가치에 해당하는 계산 능력은 10^{26}cps와 동등해질 것이고, 따라서 (약 10^{12} 달러의 총비용을 들여서) 매년 창출되는 지능은 현재 모든 인간 지능을 합한 것보다 약 10억 배 더 강력해질 것이다. 이는 실로 심원한 변화를 나타낼 것이고, 이러한 이유로 나는 특이점 — 인간 능력에서 심원하고 혁명적인 변화를 나타내는 지점 — 의 연도를 2045년으로 간주한다.
>
> — 레이 커즈와일, 『특이점이 온다(*The Singularity Is Near*)』[9]

세 가지 질문들이 여기서 떠오른다. 인간은 무엇을
잘 하는가? 컴퓨터는 무엇을 잘 하는가?
인간과 컴퓨터의 협력은 다가올 미래에
어떤 형태로 변화할 것인가?

커즈와일의 특이점 가설, 즉 기계의 인지 능력이 심원한 결과를 낳으며 인간의 능력을 능가하게 될 것이라는 가설은 논쟁거리이다. 실로, 커즈와일이 여전히 세계적으로 로봇 산업을 주도하는 회사인 구글의 선임 이사라는 사실은 몇 가지 중요한 질문을 제기한다.[10] 아마도 커즈와일의 생각에 대한 가장 친숙한 비판은 『괴델, 에셔, 바흐(*Gödel, Escher, Bach*)』로 퓰리처 상을 수상한 더글러스 호프스태터(Douglas Hofstadter)가 제기한 것이겠다. 호프스태터는 2007년에 한 인터뷰에서 당시 많은 이들이 느낀 것으로 보인 점을 다음과 같이 요약했다. "레이 커즈와일과 한스 모라벡의 책들에서 저는 그 책들이 훌륭하고 좋은 생각들과 미친 생각들의 매우 기괴한 혼합물이라고 생각했습니다. 많은 매우 좋은 음식과 얼마간의 개똥을 섞어 놓아서 무엇이 좋고 무엇이 나쁜지 아마 구별할 수 없게 되는 상황과도 유사합니다. 그 책들은 쓰레기 같은 생각과 좋은 생각을 친숙하게 섞어 놓은 것입니다. 이 저자들은 어리석지 않으며 매우 영리하기에, 이 둘을 분리하는 일은 매우 어렵습니다."[11]

안토니오 다마지오(Antonio Damasio)의 뛰어난 저서 『데카르트의 오류(*Descartes' Error*)』는 인간의 인지 능력을 실리콘 재료의 물질로 대체 가능하고 마침내 능가될 수 있는 상대적으로 단순하고 복잡하지 않은 과정으로 보는 커즈와일의 인간 인지 능력 모형에 대한 설득력 있는 대안을 제시한다. 다마지오는 "나는 생각한다. 고로 나는 존재한다."라는 경구로 표현되며 커즈와일의 전체 주장에서 핵심적인, 데카르트주의적인 몸과 마음의 분리를 받아들이지 않는다. 대신에 다마지오는 생각을 신체성(corporeality)과 다시 연결시킨다. 인지 신경과학자들은 과거의 진화 과정에서 인간의 생존을 가능하게 해 왔고 인간이라는 종을 계속해서 규정하는 것은 정서(emotion), 즉 몸과 마음 사이에 있는 경계가 희미한 연결이라고 증거를 통해 주장한다. 인간 지능과 동등하거나 이를 능가하는 컴퓨터 계산 능력을 다룬 모든 이야기가 무시하는 것은 이와 같은 기본적인 현실이다. 컴퓨터도 인간처럼 웃고 울며 노래하고 어쩔 줄 몰라 땀을 흘리거나, 아니면 다른 방식으로 몸과 마음을 통합하기 전까지, 컴퓨터는 인간을 인간으로 만드는 것들을 "능가할" 수 없다. 그렇지 않으면, 다마지오가 설명하듯이 "마음이 몸속에 존재한다고 이야기하는 것이 아니다. 몸이 생명 유지와 두뇌에 대한 조절 효과에 기여하는 것 이상으로 기여하고 있다고 말하는 것이다. 몸은 정상적인 마음의 작동에 중심적인 부분인 내용(content)을 제공한다."[12]

당신이 이 주장을 따르기 위해 신경 과학자가 될 필요는 없다. 우리의 느낌은 종종 신체적인 구성 부분을 갖는다. 축축한 손바닥과 들썩들썩하는 척추, 빨라진 맥박과 가빠진 호흡 같은 것들 말이다. 중앙 처리 장치(CPU) 같은 두뇌만으로는 운동선수의 몸이 기억하는 기술이나 음악가의 절대 음감은 물론이거니와, 앞서 언급한 것들과 같은 신체적 현상들을 설명할 수 없다. 그러나 알고리듬이나 처리 능력과 정보 용량 및 네트워킹은 비인간적인 인지 능력을 절대적으로 증대시킨다. 인공 지능과 로봇 공학은 앞으로 만들어질 도구에 어떻게 이처럼 신체화된 형태의 지능을 통합시킬 것인가? 인공 지능은 잠재적인 문제들을 제기하지만, 아마도 커즈와일이 열거하는 문제들은 아닐 것이다.

구글 플러스 및 미디와 관련해 1장에서 지적했듯이, 기술적인 초기 설정은 오래 지속되며 광범위한 효과를 낳는다. 실로, 그와 같은 초기 설정의 힘은 옵트인(opt-in) 장기 기증 시스템이 있는 나라들(미국 등)이 옵트아웃(opt-out) 시스템이 있는 나라들보다 가용한 이식용 장기를 훨씬 더 낮은 수준으로 보유함을 발견한 두 연구자들이 강력하게 제시했다. (옵트인 제도는 장기 기증을 희망하는 대상자에 한해서 시행하는 것이고, 옵트아웃은 장기 기증 '거부' 의사를 밝히지 않았다면 '희망' 의사를 밝히지 않은 사람들까지 모두 잠재적 장기 기부 대상자로 간주하는 제도이다. — 옮긴이)[13] 그와 같은 초기 설정이 로봇 공학과 관련해 만들어져서 중요한 인간의 특성 및 처리 과정들에 영향을 미치는 지점에 우리는 다가서고 있다.

일단 로봇 공학 분야가 확립된 후, 로봇은 아마도 도구로 가장 잘 여겨질 것이다. 아시모프가 다소 솔직하지 않게 진술했듯이 말이다. (하지만 그의 훨씬 더 영향력 있는 소설은 로봇에 대해 이와 다른 암시를 하기도 했다.) 인간과 도구는 공진화한다.[14] 즉 우리가 우리의 로봇들이 가진 많은 영향들에 적응하듯이, 우리가 자의식적으로 우리 스스로를 로봇과 상호 관련성을 갖는 자리에 더 많이 위치시켜 갈수록 우리는 우리의 존재를 빈곤하게 하기보다는 개선시킬 수 있는 인간과 로봇 간 협력을 더 일찍 설계할 수 있다. 그와 같은 자의식이 영화 속의 악당, 문학적 수사 혹은 실용적 약칭에 가까워지기보다는 더욱 명료하게 정교화되어 갈수록, 이 새로운 단계의 기술 혁신은 수수께끼나 혼란과 점점 덜 결부될 것이다.

인간은 항상 도구들을 만들어 왔다. 도구들은 항상 의도하지 않은 결과들을 낳아 왔다. 이 결과들은 이전에는 어떤 실체를 갖는 것들이었다. 즉 도시의 부상이나 인간 수명의 연장, 핵무기의 발전 같은 것 말이다. 변화의 다음 물결이 노동, 돌봄, 전쟁, 심지어 보는 것과 걷는 것을 재규정하기에 앞서서, 지금은 이러한 기계들과 관련해 우리는 어떤 존재인지, 이 기계들과의 주고받음을 통해 우리가 어떤 것을 기대하는지 똑바로 논의할 시기이다.

후주

1강

1. Bernard Roth, foreword to Bruno Siciliano and Oussama Khatib, eds., *Springer Handbook of Robotics* (Berlin: Springer-Verlag, 2008), viii.

2. Matt McFarland, "Elon Musk: 'with artificial intelligence we are summoning the demon,'" *The Washington Post* (blog), October 24, 2014, http://www.washingtonpost.com/blogs/innovations/wp/2014/10/24/elon-musk-with-artificial-intelligence-we-are-summoning-the-demon/을 보라.

3. 인공 지능의 역사에 대해서는 실제 연구 참여자였던 Nils J. Nilsson이 쓴 *The Quest for Artificial Intelligence: A History of Ideas and Achievements* (Cambridge: Cambridge University Press, 2010)를 보라.

4. Ulrike Bruckenberger et al., "The Good, the Bad, the Weird: Audience Evaluation of a 'Real' Robot in Relation to Science Fiction and Mass Media," in G. Hermann et al., eds., *Social Robotics: 5th International Conference, ICSR 2013, Bristol, UK, October 27–29, 2013, Proceedings*, ICSR 2013, LNAI 8239, p. 301.

5. W. Brian Arthur, *Increasing Returns and Path Dependence in the Economy* (Ann Arbor: University of Michigan Press, 1994), 1장을 보라.

6. 이것 자체가 매우 흥미로운 연구 주제이다. 이 주제에 대한 주목할 만한 개론서로는 Donald Norman의 *The Design of Everyday Things* (1988; New York: Basic Books, 2002)를 보라.

7. Jaron Lanier, *You Are Not a Gadget: A Manifesto* (New York: Knopf, 2010), 7–12.

8. "Sergey Brin Live at Code Conference," *The Verge* (blog), May 27, 2014, http://live.

theverge.com/sergey-brin-live-code-conference/에서 인용한 세르게이 브린의 말이다.

9. Danny Palmer, "The future is here today: How GE is using the Internet of Things, big data and robotics to power its business," *Computing* 12 March 2015, http://www.computing.co.uk/ctg/feature/2399216/the-future-is-here-today-how-ge-is-using-the-internet-of-things-big-data-and-robotics-to-power-its-business/.

10. Chunka Mui and Paul B. Carroll, *Self-Driving Cars: Trillions Are Up for Grabs*, Kindle e-book (2013) location 223.

11. Online Etymology Dictionary, "hello," http://www.etymonline.com/index.php?search=hello&searchmode=none/을 보라.

12. Hugh Herr, "The New Bionics That Let Us Run, Climb, and Dance," *TED2014* (video blog), filmed March 2014, https://www.ted.com/talks/hugh_herr_the_new_bionics_that_let_us_run_climb_and_dance?language=en/을 보라.

13. "Robin Millar: 'How Pioneering Eye Implant Helped My Sight,'" *BBC News* (blog), May 3, 2012, http://www.bbc.com/news/health-17936704/를 보라.

14. 해결주의(solutionism)에 관해서는 Evgeny Morozov, *To Save Everything Click Here: The Folly of Technological Solutionism* (New York: Public Affairs, 2013), 1장을 보라.

15. 이러한 저작들에 관심 있는 독자라면 Cass Sunstein과 Richard Thaler의 *Nudge: Improving Decisions about Health, Wealth, and Happiness* (New York: Penguin Books, 2008)를 읽는 것이 좋은 출발이 될 것이다.

16. 이 주제에 대한 아주 중요한 저작은 Patrick Lin, Keith Abney, and George A. Bekey, eds., *Robot Ethics: The Ethical and Social Implications of Robotics* (Cambridge, MA: MIT Press, 2012)이다.

17. Campaign to Stop Killer Robots, https://www.stopkillerrobots.org를 보라.

18. Steven Pinker, *How the Mind Works* (New York: Norton, 1999), 16.

19. Ray Kurzweil, *The Singularity Is Near: When Humans Transcend Biology* (New York: Viking, 2005), 4.

20. Rodney Brooks, "Artificial Intelligence Is a Tool, Not a Threat," *Rethink Robotics* (blog), November 10, 2014, http://www.rethinkrobotics.com/blog/artificial-intelligence-tool-threat/를 보라.

2강

1. Illah Reza Nourbakhsh, *Robot Futures* (Cambridge, MA: MIT Press, 2013), xiv.

2. Rodney Brooks, *Flesh and Machines: How Robots Will Change Us* (Cambridge, MA: MIT Press, 2002), 13.

3. James L. Fuller, *Robotics: Introduction, Programming, and Projects* (Upper Saddle River, NJ: Prentice Hall, 1999), 3–4; 본문의 강조는 인용자가 추가했다.

4. Cynthia Breazeal, *Designing Sociable Robots* (Cambridge, MA. MIT Press, 2004), 1.

5. Maja J. Mataric, *The Robotics Primer* (Cambridge, MA: MIT Press, 2007), 2.

6. Steve Kroft, "Are Robots Hurting Job Growth?" *60 Minutes* (video), January 13, 2013, http://www.cbsnews.com/video/watch/?id=50138922n/.

7. Vinton G. Cerf, "What's a Robot?" *Communications of the ACM* (Association for Computing Machinery) 56 (January 2013): 7; 본문의 강조는 인용자가 추가했다.

8. George Bekey, *Autonomous Robots: From Biological Inspiration to Implementation and Control* (Cambridge, MA: MIT Press, 2005), 2; 본문의 강조는 인용자가 추가했다.

9. 오리 이야기에 대한 내 이해는 다음의 책 내용에 바탕을 두고 있다. P. W. Singer, *Wired for War: The Robotics Revolution and Conflict in the 21st Century* (New York: Penguin Books, 2009), 42–43.

10. Isaac Asimov and Karen A. Frenkel, *Robots: Machines in Man's Image* (New York: Harmony Books, 1985), 13.

11. 아시모프는 잘 정리된 로봇 공학 3원칙 수립은 그의 편집자인 존 캠벨(John Campbell) 덕분이라고 말한다. *In Memory Yet Green: The Autobiography of Isaac Asimov 1920–1954* (Garden City, NY: Doubleday, 1979), 286쪽을 보라.

12. Singer, *Wired for War*, 423.

13. Brooks, *Flesh and Machines*, 73.

14. Robin Murphy and David D. Woods, "Beyond Asimov: the three laws of responsible robotics," *IEEE Intelligent Systems* 24 (July–August 2009): 14–20, doi:10.1109/MIS.2009.69.

15. Asimov and Frenkel, Robots, 25에서 인용된 조지프 엔젤버거의 말이다.

3강

1. Robert Geraci, *Apocalyptic AI: Visions of Heaven in Robotics, Artificial Intelligence, and Virtual Reality* (New York: Oxford University Press, 2010), 31.
2. Bekey, *Autonomous Robots*, 471에서 인용된 Hiroaki Kitano, "The Design of the Humanoid Robot PINO," http://www.sbi.jp/symbio/people/tmatsui/pinodesign.htm.
3. Hans P. Moravec, *Mind Children: The Future of Robot and Human Intelligence* (Cambridge, MA: Harvard University Press, 1988)를 보라.
4. Geraci, *Apocalyptic AI*, 7.
5. Nourbakhsh, *Robot Futures*, 119.
6. 드웨인 데이(Dwayne Day)는 자신의 블로그에서 「스타 트렉」의 작가들이 이 오프닝 문구를 미국 백악관에서 1958년 발행한 소책자에 쓰인 다음과 같은 문장에서 빌려 왔다는 그럴듯한 제시를 한다. "이러한 요인들 중 가장 첫째는 인간이 탐험하고 발견하게 만드는 주목하지 않을 수 없는 충동이며, 아무도 이전에 가 보지 못한 곳으로 가도록 이끄는 호기심의 추진력이다." 이 소책자는 또한 할리우드와 남부 캘리포니아 주 항공 우주 산업이 종종 서로 영향을 주고받았음을 지적한다. 자세한 내용은 Dwayne A. Day, "Boldly going: Star Trek and spaceflight," *Space Review/Space News* (blog), November 28, 2005, http://www.thespacereview.com/article/506/1/을 보라.
7. 예컨대 Leo Marx, *The Machine in the Garden: Technology and the Pastoral Ideal in America* (New York: Oxford University Press, 1965)와 Thomas P. Hughes, *American Genesis: A Century of Invention and Technological Enthusiasm* (New York: Viking, 1989), David Nye, *America as Second Creation: Technology and Narratives of New Beginnings* (Cambridge, MA: MIT Press, 2003) 등을 보라.
8. Evgeny Morozov, "The perils of perfection," *New York Times*, March 2, 2013, http://www.nytimes.com/2013/03/03/opinion/sunday/the-perils-of-perfection.html.
9. William Edward Harkins, *Karel Čapek* (New York: Columbia University Press, 1962), 9.
10. *London Sunday Review*, reader's supplement, 11에서 인용했으며 Karel Čapek, *R. U. R.* (New York: Pocket Books, 1973)에서 재인용되었다. 체코 어 "rozum"이 이성 혹은 사고(reason)를 의미하는 것을 고려할 때 "Rossum"은 논리라는 의미를 함축한다.
11. 차페크의 이 극적인 방법은 대략 90여 년 후에 위키피디아와 다른 온라인 자료 저장소

의 정보를 주입함으로써 「제퍼디!」 쇼의 퀴즈를 IBM의 질문-응답 컴퓨터 왓슨이 맞히게 하는 데 사용되었다.

12. Čapek, *R. U. R.*, 49.

13. 앞의 책, 96.

14. Isaac Asimov, introduction to *The Complete Robot* (Garden City: Doubleday, 1982), xi.

15. 앞의 책, xii.

16. Norbert Wiener, *Cybernetics, or Communication and Control in the Animal and the Machine* (Cambridge, MA: MIT Press, 1948).

17. Phillip K. Dick, *Do Androids Dream of Electric Sheep?* (New York: Doubleday, 1968).

18. Pinker, *How the Mind Works*, 4.

19. 데즈카에 관한 두 가지 영어 문헌으로는 Frederik L. Schodt, *The Astro Boy Essays: Osamu Tezuka, Mighty Atom, and the Manga/Anime Revolution* (Berkeley, CA: Stone Bridge Press, 2007)과 Helen McCarthy, *The Art of Osamu Tezuka: God of Manga* (New York: Abrams, 2009)가 있다. 앞으로 나올 논의들에는 이 두 문헌이 깊이 관여되어 있다.

20. "20 facts about Astro Boy," *Geordie Japan: A Guide to Finding Japan in Newcastle-upon-Tyne* (blog), January 10, 2013, http://geordiejapan.wordpress.com/2013/01/10/20-facts-about-astro-boy/를 보라.

21. Schodt가 번역한 *The Astro Boy Essays*, 108에서 재인쇄되었다.

4강

1. "Global industrial robot sales rose 27 [percent] in 2014," *Reuters*, March 22, 2015, http://www.reuters.com/article/industry-robots-sales-idUSL6N0WM1NS20150322/를 보라.

2. "Foxconn to rely more on robots; could use 1 million in 3 years," *Reuters*, August 1, 2011, http://www.reuters.com/article/us-foxconn-robots-idUSTRE77016B20110801/을 보라.

3. 로봇의 이동성에 관한 더 깊은 내용은 Roland Siegwart and Illah R. Nourbakhsh, *Introduction to Autonomous Mobile Robots* (Cambridge, MA: MIT Press, 2004), 2장을 보라.

4. Singer, *Wired for War*, 55.

5. Nourbakhsh, *Robot Futures*, 49–50.

6. 지방 자치 단체들은 유효 기간이 만료된 번호판을 달고 다니는 자동차 및 과태료나 범칙금이 많이 남아 있는 차량을 식별해 신속하게 벌금을 부과하거나 도난 차량을 금방 찾아낼 수 있는 번호판 카메라를 다수 구매하고 있다. 전형적인 시스템 하나가 한 시간에 750대 이상의 차량을 검색할 수 있다. 자세한 내용은 Shawn Musgrave, "Big Brother or better police work? new technology automatically runs license plates … of everyone," *Boston Globe*, April 8, 2013을 보라.

7. Bekey, *Autonomous Robots*, 104–7; Brooks, *Flesh and Machines*, 36–43.

8. Brooks, *Flesh and Machines*, 72–73.

9. Siegwart and Nourbakhsh, *Introduction to Autonomous Mobile Robots*, chapter 6.

10. 미국 펜실베이니아 대학교의 GRASP 연구실의 쿼드로터(쿼드콥터)가 집단으로 배치된 로봇의 한 예이다. https://www.grasp.upenn.edu를 보라.

11. Bekey, *Autonomous Robots*, 5–6.

12. Singer, *Wired for War*, 60.

13. "Military Robot Markets to Exceed $8 Billion in 2016," *ABIresearch: Intelligence for Innovators* (blog), February 15, 2011, http://www.abiresearch.com/press/military-robot-markets-to-exceed-8-billion-in-2016/을 보라.

14. Cloud Robotics and Automation, http://goldberg.berkeley.edu/cloud-robotics/을 보라.

15. RoboCup, http://www.robocup.org/about-robocup/objective/를 보라.

5강

1. Mui and Carroll, *Driverless Cars*, location 13.

2. Sebastian Thrun, "Toward Robotic Cars," *Communications of the ACM* 53 (April 2010): 99; and Mui and Carroll, *Driverless Cars*, location 43.

3. Thrun, "Toward Robotic Cars."

4. Leo Kelion, "Audi Claims Self-Drive Car Speed Record after German Test," *BBC News* (blog), October 21, 2014, http://www.bbc.com/news/technology-29706473/.

5. Casey Newton, "Uber will eventually replace all its drivers with self-driving cars, *The Verge* (blog), May 28, 2014, http://www.theverge.com/2014/5/28/5758734/uber-will-

eventually-replace-all-its-drivers-with-self-driving-cars/.

6. Douglas Macmillan, "GM invests $500 million in Lyft, plans system for self-driving cars: auto maker will work to develop system that could make autonomous cars appear at customers' doors," *Wall Street Journal*, January 4, 2016, http://www.wsj.com/articles/gm-invests-500-million-in-lyft-plans-system-for-self-driving-cars-1451914204/.

7. Shaun Bailey, "BMW Track Trainer: how a car can teach you to drive," *Road & Track* (blog), September 7, 2011, http://www.roadandtrack.com/car-culture/a17638/bmw-track-trainer/를 보라.

8. Frank Levy and Richard Murnane, *The New Division of Labor: How Computers Are Creating the Next Job Market* (New York: Russell Sage Foundation; Princeton: Princeton University Press, 2004), 20.

9. Defense Advanced Research Projects Agency (DARPA), "Report to Congress: DARPA Prize Authority: Fiscal Year 2005 Report in Accordance with U.S.C. §2374a," released March 2006, 3, http://archive.darpa.mil/grandchallenge/docs/Grand_Challenge_2005_Report_to_Congress.pdf.

10. Erico Guizzo, "How Google's self-driving car works," *IEEE Spectrum*, October 18, 2011, http://spectrum.ieee.org/automaton/robotics/artificial-intelligence/how-google-self-driving-car-works/를 보라.

11. Alex Davies, "This palm-sized laser could make self-driving cars way cheaper," *Wired* (blog), September 25, 2014, http://www.wired.com/2014/09/velodyne-lidar-self-driving-cars/를 보라.

12. Sebastian Thrun et al., "Stanley: the robot that won the DARPA Grand Challenge," *Journal of Field Robotics* 23 (2009): 665.

13. "What if it could be easier and safer for everyone to get around?" *Google Self-Driving Project* (video/text blog) [no date], https://www.google.com/selfdrivingcar/를 보라.

14. *Car and Driver*, August 2013, cover.

15. James Vincent, "Toyota's $1 billion AI company will develop self-driving cars and robot helpers," *The Verge* (blog), November 6, 2015, http://www.theverge.com/2015/11/6/9680128/toyota-ai-research-one-billion-funding/을 보라.

16. Nic Fleming and Daniel Boffey, "Lasers-guided cars could allow drivers to eat and sleep at the wheel while travelling in 70 mph convoys," *Daily Mail.com* (blog), June 22, 2009, http://www.dailymail.co.uk/sciencetech/article-1194481/Lasers-guided-cars-allow-eat-sleep-wheel-travelling-70mph-convoys.html을 보라.

17. Brad Templeton, "I was promised flying cars!" *Templetons.com* (blog) [no date], http://www.templetons.com/brad/robocars/roadblocks.html을 보라.

18. Daniel Kahneman, *Thinking, Fast and Slow* (New York, Farrar, Straus and Giroux, 2011), 12장과 13장을 보라.

19. Bruce Schneier, "Virginia Tech lesson: rare risks breed irrational responses," *Wired* (blog), May, 2007, https://www.schneier.com/essays/archives/2007/05/virginia_tech_lesson.html을 보라.

20. Zack Rosenberg, "The autonomous automobile," *Car and Driver*, August 2013, 68, http://www.caranddriver.com/features/the-autonomous-automobile-the-path-to-driverless-cars-explored-feature/.

21. Chris Urmson, "The view from the front seat of the Google self-driving car, Chapter 2," *Medium.com* (blog), July 16, 2015, https://medium.com/@chris_urmson/the-view-from-the-front-seat-of-the-google-self-driving-car-chapter-2-8d5e2990101b#.xcwbdoc2p/을 보라.

22. Lee Gomes, "Driving in circles: the autonomous Google car may never actually happen," *Slate* (blog), October 21, 2014, http://www.slate.com/articles/technology/technology/2014/10/google_self_driving_car_it_may_never_actually_happen.html을 보라.

23. Nick Bilton, "The money side of driverless cars," *The New York Times* (blog), July 9, 2013, http://bits.blogs.nytimes.com/2013/07/09/the-end-of-parking-tickets-drivers-and-car-insurance/를 보라.

24. Shawna Ohm, "Why UPS drivers don't make left turns," *Yahoo! Finance* (video/text blog), September 30, 2014, http://finance.yahoo.com/news/why-ups-drivers-don-t-make-left-turns-172032872.html을 보라.

25. 자동차와 자동차 관련 상품 중 어떤 것에 얼마나 많이 소비하는지에 관해서는 Mui and Carroll, *Self-Driving Cars*, 1장을 보라.

26. 앞의 책., location 127.

27. Centers for Disease Control/National Center for Health Statistics, "FastStats: accidental or unintentional injuries," last updated September 30, 2015, http://www.cdc.gov/nchs/fastats/accidental-injury.htm을 보라.

28. Centers for Disease Control, "National hospital ambulatory medical care survey: 2010 emergency department survey tables," http://www.cdc.gov/nchs/data/ahcd/nhamcs_emergency/2010_ed_web_tables.pdf를 보라.

29. Mui and Carroll, *Self-Driving Cars*, location 74.

30. Climateer, "Understanding the future of mobility: on-demand driverless cars," *Climateer Investing* (blog), August 10, 2015, http://climateerinvest.blogspot.co.uk/2015/08/understanding-future-of-mobility-on.html을 보라.

31. U.S. Public Interest Research Group and Frontier Group, "Transportation and the new generation: why young people are driving less and what it means for transportation policy" (report), released April 5, 2012, http://www.uspirg.org/reports/usp/transportation-and-new-generation/을 보라.

32. Mark Strassman, "A dying breed: the American shopping mall," *CBS News.com* (video/text blog), March 23, 2014, http://www.cbsnews.com/news/a-dying-breed-the-american-shopping-mall/을 보라.

33. 예컨대, Laura Houston Santhanam, Amy Mitchell, and Tom Rosenstiel, "The State of the News Media 2012: An Annual Report," Pew Research Center's Project for Excellence in Journalism, http://stateofthemedia.org/2012/audio-how-far-will-digital-go/audio-by-the-numbers/을 보라.

34. Steve Mahan, "Self-Driving Car Test," YouTube.com (video), March 28, 2012, https://www.youtube.com/watch?v=cdgQpa1pUUE/을 보라.

35. Lucia Huntington, "The real distraction at the wheel: texting is a big problem, but with more people eating and driving than ever before, maybe that's an even bigger problem," *The Boston Globe* (blog), October 14, 2009, http://www.boston.com/lifestyle/food/articles/2009/10/14/dining_while_driving_theres_many_a_slip_twixt_cup_and_lip_but_that_doesnt_stop_us/를 보라.

36. William H. Janeway, "From atoms to bits to atoms: friction on the path to the digital future," *Forbes.com* (blog), July 30, 2015, http://www.forbes.com/sites/valleyvoices/2015/07/30/from-atoms-to-bits-to-atoms-friction-on-the-path-to-the-digital-future/를 보라.

37. Erin Griffith, "If driverless cars save lives, where will we get organs?" *Fortune* (blog), August 15, 2014, http://fortune.com/2014/08/15/if-driverless-cars-save-lives-where-will-we-get-organs/를 보라.

38. Alan S. Blinder, "Offshoring: the next industrial revolution?" *Foreign Affairs*, March–April 2006, http://www.foreignaffairs.com/articles/61514/alan-s-blinder/offshoring-the-next-industrial-revolution/을 보라.

39. Megahn Walsh, "Why no one wants to drive a truck anymore: commercial drivers' average age is 55, and young people don't want to take up the slack," *BloombergBusiness* (blog), November 14, 2013, http://www.bloomberg.com/news/articles/2013-11-14/2014-outlook-truck-driver-shortage/을 보라.

40. Adario Strange, "Mercedes-Benz unveils self-driving 'Future Truck' on Germany's Autobahn," *Mashable* (video/text blog), July 6, 2014, http://mashable.com/2014/07/06/mercedes-benz-self-driving-truck/을 보라.

41. Mui and Carroll, *Self-Driving Cars*, location 279에서 인용된 RAND study.

42. Mui and Carroll, *Self-Driving Cars*, location 214.

6강

1. DARPA, "Mission," http://www.darpa.mil/about-us/mission/을 보라.

2. "Beyond the borders of 'possible,'" *army.mil*, January 27, 2015 (interview with Dr. Bradford Tousley, director of DARPA's Tactical Technology Office or TTO, by staff of U.S. Army's Access AL&T magazine), http://www.army.mil/mobile/article/?p=141732/을 보라.

3. Ronald C. Arkin, *Governing Lethal Behavior in Autonomous Robots* (New York: CRC Press, 2009), xii.

4. Jeremiah Gertler, "U.S. Unmanned Aerial Systems," Congressional Research Service report R42136, January 3, 2012, ttp://www.fas.org/sgp/crs/natsec/R42136.pdf를 보라.

5. Singer, *Wired for War*, 33.

6. 앞의 책., 36.

7. R. Jeffrey Smith, "High-priced F-22 fighter has major shortcomings," *Washington Post*, July 10, 2009, http://www.washingtonpost.com/wp-dyn/content/article/2009/07/09/AR2009070903020.html?hpid=topnews&sub=AR&sid=ST2009071001019/를 보라.

8. Brian Bennett, "Predator drones have yet to prove their worth on border," *Los Angeles Times*, April 28, 2012, http://articles.latimes.com/2012/apr/28/nation/la-na-drone-bust-20120429를 보라.

9. Singer, *Wired for War*, 114~116쪽을 보라.

10. "Autonomous underwater vehicle — Seaglider," *kongsberg.com* [no date], http://www.km.kongsberg.com/ks/web/nokbg0240.nsf/AllWeb/EC2FF8B58CA491A4C1257B870048C78C?OpenDocument/를 보라.

11. AUVAC (Autonomous Undersea Vehicle Applications Center), "AUV system spec sheet: Proteus configuration," *auvac.org* [no date], http://auvac.org/configurations/view/239/를 보라.

12. Singer, *Wired for War*, 114-15.

13. Rafael Advanced Defense Systems, Ltd., "Protector Unmanned Naval Patrol Vehicle," rafael.co.il [no date], http://www.rafael.co.il/Marketing/351-1037-en/Marketing.aspx를 보라.

14. "iRobot Delivers 3,000th PackBot," investor.irobot.com (news release), February 16, 2010, http://investor.irobot.com/phoenix.zhtml?c=193096&p=irol-newsArticle&ID=1391248/을 보라.

15. QinetiQ North America, "TALON® robots: from reconnaissance to rescue, always ready on any terrain," *QinetiQ-NA.com* (data sheet) [no date], https://www.qinetiq-na.com/wp-content/uploads/data-sheet_talon.pdf를 보라.

16. "March of the robots," *Economist*, June 2, 2012, http://www.economist.com/node/21556103/.

17. Evan Ackerman and Erico Guizzo, "DARPA Robotics Challenge: amazing moments,

lessons learned, and what's next," *IEEE Spectrum*, June 11, 2015, http://spectrum.ieee.org/automaton/robotics/humanoids/darpa-robotics-challenge-amazing-moments-lessons-learned-whats-next/를 보라.

18. Sydney J. Freedberg Jr., "Why the military wants robots with legs (not to run faster than Usain Bolt)," *Breaking Defense* (blog), September 7, 2012. http://breakingdefense.com/2012/09/07/why-the-military-wants-robots-with-legs-robot-runs-faster-than/을 보라.

19. Ronald C. Arkin, "Ethical robots in warfare," *IEEE Technology and Society Magazine* 28 (Spring 2009), http://www.dtic.mil/dtic/tr/fulltext/u2/a493429.pdf.

20. Human Rights Watch, "The 'killer robots' accountability gap," *hrw.org* (blog), April 8, 2015, https://www.hrw.org/news/2015/04/08/killer-robots-accountability-gap/를 보라.

21. UN General Assembly, Human Rights Council, "Report of the Special Rapporteur on Extrajudicial, Summary or Arbitrary Executions, Christof Heyns," A/HRC/23/47, April 17, 2013, http://www.ohchr.org/Documents/HRBodies/HRCouncil/RegularSession/Session23/A.HRC.23.47_EN.pdf를 보라.

22. 이러한 점들의 많은 부분이 Arkin, "Ethical robots in warfare."을 반영한다.

23. Associated Press, "Afghan panel: U.S. airstrike killed 47 in wedding party," *Washington Post*, July 12, 2008, http://articles.washingtonpost.com/2008-07-12/world/36906336_1_civilians-airstrike-afghan-panel/을 보라.

24. David S. Cloud, "Civilian contractors playing key roles in U.S. drone operations," *Los Angeles Times*, December 29, 2011, http://articles.latimes.com/2011/dec/29/world/la-fg-drones-civilians-20111230/을 보라.

25. 예컨대 Human Rights Watch, "Losing humanity: the case against killer robots," November 2012, especially sections II and III http://www.hrw.org/sites/default/files/reports/arms1112ForUpload_0_0.pdf를 보라.

26. "Dr. Strangelove, or: How I Learned to Stop Worrying and Love the Bomb: Plot Summary," *IMDb.com* [no date] http://www.imdb.com/title/tt0057012/plotsummary?ref_=tt_stry_pl/을 보라.

27. Christopher Mims, "U.S. Military Chips 'Compromised,'" *MIT Technology Review*,

May 30, 2012, http://www.technologyreview.com/view/428029/us-military-chips-compromised/를 보라.

28. "Interview with Defense Expert P. W. Singer: 'The Soldiers Call It War Porn,'" *Spiegel Online International*, March 12, 2010, http://www.spiegel.de/international/world/interview-with-defense-expert-p-w-singer-the-soldiers-call-it-war-porn-a-682852.html을 보라.

29. *New York Times*, "Distance from carnage doesn't prevent PTSD for drone pilots," atwar.nytimes.com (blog), February 23, 2013, http://atwar.blogs.nytimes.com/2013/02/25/distance-from-carnage-doesnt-prevent-ptsd-for-drone-pilots/, 그리고 Christopher Drew and Dave Philipps, "As stress drives off drone operators, air force must cut flights," New York Times, June 16, 2015, http://www.nytimes.com/2015/06/17/us/as-stress-drives-off-drone-operators-air-force-must-cut-flights.html?_r=0/을 보라.

30. Chris Woods, "Drone warfare: life on the new frontline," *The Guardian*, February 24, 2015, http://www.theguardian.com/world/2015/feb/24/drone-warfare-life-on-the-new-frontline/을 보라.

31. Singer, *Wired for War*, 312.에 인용된 무바샤 자베드 아크바르의 말이다.

32. Singer, *Wired for War*, 198.

7강

1. ATM에 대해서는 John M. Jordan, *Information, Technology, and Innovation: Resources for Growth in a Connected World* (Hoboken, NJ: Wiley, 2012), 153~155쪽을 보라.

2. Erik Brynjolfsson and Andrew McAfee, *Race against the Machine: How the Digital Revolution Is Accelerating Innovation, Driving Productivity, and Irreversibly Transforming Employment and the Economy* (Lexington, MA: Digital Frontier Press, 2011), Kindle edition. 이 전자 서적의 내용 중 많은 부분은 브리뇰프슨과 맥어피의 더 포괄적인 저서 *The Second Machine Age: Work, Progress, and Prosperity in a Time of Brilliant Technologies* (New York: Norton, 2014)에 포함되어 있다.

3. David Autor, "The 'Task' Approach to Labor Markets: An Overview," National Bureau of Economic Research Working Paper 18711, http://www.nber.org/papers/

w18711/을 보라.

4. 또한 Levy and Murnane, *The New Division of Labor*, 6쪽을 보라. 레비와 머네인 또한 오토와 함께 논문들을 공저해 왔다.

5. Autor, "The 'Task' Approach to Labor Markets," 5.

6. IFR (International Federation of Robotics), "Industrial Robot Statistics," in "World Robotics 2015 Industrial Robots," *ifr.org* (report) [no date], http://www.ifr.org/industrial-robots/statistics/를 보라.

7. Sam Grobart, "Robot workers: coexistence is possible," *BloombergBusiness* (blog), December 13, 2012, http://www.bloomberg.com/news/articles/2012-12-13/robot-workers-coexistence-is-possible/을 보라.

8. "하지만 그들이 가지고 있는 것은 그 로봇들이 적시에 올바른 장소에 있음을 확실하게 하는 소프트웨어이다. 이것은 소프트웨어의 문제 영역이었다." Sam Grobart, "Amazon's Robotic Future: A Work in Progress, BloombergBusiness (blog), November 30, 2012, http://www.bloomberg.com/news/articles/2012-11-30/amazons-robotic-future-a-work-in-progress/.에서 인용한 짐 톰킨스(Jim Tompkins)의 말이다.

9. Kevin Bullis, "Random-access warehouses: a company called Kiva systems is speeding up Internet orders with robotic systems that are modeled on random-access computer memory," *MIT Technology Review*, November 8, 2007, http://www.technologyreview.com/news/409020/random-access-warehouses/를 보라.

10. Robert B. Reich, *The Work of Nations: Preparing Ourselves for 21st Century Capitalism* (New York: Vintage, 1992).

11. "The age of smart machines: brain work may be going the way of manual work," *Economist*, May 23, 2013, http://www.economist.com/news/business/21578360-brain-work-may-be-going-way-manual-work-age-smart-machines/를 보라.

12. John Markoff, "Armies of expensive lawyers, replaced by cheaper software," *New York Times*, March 4, 2011, http://www.nytimes.com/2011/03/05/science/05legal.html?pagewanted=all/.

13. U.S. Census Bureau, "Historical income tables: households," [no date], http://www.census.gov/hhes/www/income/data/historical/household/index.html.

14. 한 가지 사례로는 Thomas Hungerford, "Changes in Income Inequality among U.S. Tax Filers between 1991 and 2006: The Role of Wages, Capital Income, and Taxes," Economic Policy Institute working paper, January 23, 2013, http://papers.ssrn.com/sol3/papers.cfm?abstract_id=2207372/를 보라.

15. U.S. Bureau of Labor Statistics, graph of productivity and average real earnings against index relative to 1970, from about 1947 to 2009, https://thecurrentmoment.files.wordpress.com/2011/08/productivity-and-real-wages.jpg.

16. Illah Nourbakhsh, "Will robots boost middle-class unemployment?" *Quartz*, June 7, 2013, http://qz.com/91815/the-burgeoning-middle-class-of-robots-will-leave-us-all-jobless-if-we-let-it/을 보라.

17. Gill Pratt, "Robots to the Rescue," *Bulletin of the Atomic Scientists*, December 3, 2013. http://thebulletin.org/robot-rescue/.

18. Kevin Kelly, "Better than human: why robots will — and must — take our jobs," *Wired*, December 24, 2012, http://www.wired.com/gadgetlab/2012/12/ff-robots-will-take-our-jobs/를 보라.

19. Steven Cherry, "Robots are not killing jobs, says a roboticist: a Georgia Tech professor of robotics argues automation is still creating more jobs than it destroys," *IEEE Spectrum*, April 9, 2013, http://spectrum.ieee.org/podcast/robotics/industrial-robots/robots-are-not-killing-jobs-says-a-roboticist/를 보라.

20. Levy and Murnane, *The New Division of Labor*, 2.

21. James Bessen, "Employers aren't just whining — the 'skills gap' is real," *Harvard Business Review*, August 25, 2014, https://hbr.org/2014/08/employers-arent-just-whining-the-skills-gap-is-real/을 보라.

22. David Wessel, "Software raises bar for hiring," *Wall Street Journal*, May 31, 2012, http://www.wsj.com/articles/SB10001424052702304821304577436172660988042/를 보라.

23. 장애와 관련해서는 "Unfit for Work: The Startling Rise of Disability in America," http://apps.npr.org/unfit-for-work/라는 제목으로 Chana Joffe-Walf가 쓴 2013 NPR package를 보라.

24. 앞의 책.

8강

1. Robin R. Murphy and Debra Schreckenghost, "Survey of metrics for human-robot interaction," *HRI 2013 Proceedings: 8th ACM/IEEE International Conference on Human-Robot Interaction*, 197.

2. 앞의 논문.

3. Cynthia Breazeal, Atsuo Takanashi, and Tetsunori Kobayashi, "Social robots that interact with people," in Siciliano and Khatib, *Springer Handbook of Robotics*, 1349-50.

4. 이 부분에서 나의 논의는 Robin R. Murphy et al., "Search and Rescue Robotics," in Siciliano and Khatib, *Springer Handbook of Robotics*, 1151-73의 도움을 받았다.

5. 앞의 책, 1173n42를 보라.

6. Lawrence Diller, MD, "The NFL's ADHD, Adderall mess," *The Huffington Post* (blog), February 5, 2013,http://www.huffingtonpost.com/news/NFL+Suspensions/를 보라.

7. Ashlee Vance, "Dinner and a robot: my night out with a PR3," *BloombergBusiness*, August 9, 2012, http://www.bloomberg.com/news/articles/2012-08-09/dinner-and-a-robot-my-night-out-with-a-pr2#r=lr-fst/를 보라.

8. Intuitive Surgical 2014 annual report, p. 45 http://www.annualreports.com/Company/intuitive-surgical-inc/.

9. Herb Greenberg, "Robotic surgery: growing sales, but growing concerns," *CNBC*, March 19, 2013, http://www.cnbc.com/id/100564517/와, Roni Caryn Rabin, "Salesmen in the surgical suite," *New York Times*, March 25, 2013, http:/www.nytimes.com/2013/03/26/health/salesmen-in-the-surgical-suite.html?pagewanted=all/을 보라.

10. Citron Research, "Intuitive Surgical: Angel with Broken Wings, or Devil in Disguise?" (report), January 17, 2013, http://www.citronresearch.com/wp-content/uploads/2013/01/Intuitive-Surgical-part-two-final.pdf와, Lawrence Diller, MD, et al., "Robotically assisted vs. laparascopic hysterectomies among women with benign gynecological disease," *JAMA: Journal of the American Medical Association* 309 (February 20, 2013),http://jama.jamanetwork.com/article.aspx?articleid=1653522/를 보라.

11. Ceci Connolly, "U.S. combat fatality rate lowest ever: technology and surgical care at the front lines credited with saving lives," *Washington Post*, December 9, 2004, A26, http://www.washingtonpost.com/wp-dyn/articles/A49566-2004Dec8.html을 보라.

12. Nitish Thakor, "Building brain machine interfaces — neuroprosthetic control with electrocorticographic signals," *IEEE Lifesciences*, April 2012, http://lifesciences.ieee.org/publications/newsletter/april-2012/96-building-brain-machine-interfaces-neuroprosthetic-control-with-electrocorticographic-signals/를 보라.

13. "How would you like your assistant — human or robotic?" *Georgia Tech News Center*, April 29, 2013, http://www.gatech.edu/newsroom/release.html?nid=210041/을 보라.

14. "Home care robot, 'Yurina,'" *DigInfoTV* (video/text), August 12, 2010, http://www.diginfo.tv/v/10-0137-r-en.php를 보라.

15. SECOM, "Meal-Assistance Robot My Spoon Allows Eating with Only Minimal Help from a Caregiver," seco.co.jp [no date], http://www.secom.co.jp/english/myspoon/을 보라.

16. Miwa Suzuki, "'Welfare robots' to ease burden in greying Japan," *Phys.org*, July 29, 2010, http://phys.org/news199597102.html을 보라.

17. Anne Tergesen and Miho Inada, "It's not a stuffed animal, it's a $6,000 medical device: Paro the robo-seal aims to comfort the elderly, but is it ethical?" *Wall Street Journal*, June 21, 2010, http://online.wsj.com/article/SB10001424052748704463504575301051844937276.html?을 보라.

18. 예컨대 Sherry Turkle, *Alone Together: Why We Expect More from Technology and Less from Each Other* (New York: Basic Books, 2012)을 보라.

19. Amanda Sharkey and Noel Sharkey, "Granny and the robots: ethical issues in robot care for the elderly," *Ethics of Information Technology* 14 (2012): 35.

20. Bekey, *Autonomous Robots*, 512.

21. Brynjolfsson and McAfee, *Second Machine Age*, 96.

22. "Pros rake in more chips than computer program during poker contest, but scientifically speaking, human lead not large enough to avoid statistical tie," *Carnegie Mellon University News*, May 8, 2015, http://www.cmu.edu/news/stories/archives/2015/

may/poker-pros-rake-in-more-chips.html을 보라.
23. Mark Prigg, "Robots take the checquered flag: watch the self driving racing car that can beat a human driver," *Daily Mail*, March 20, 2016, http://www.dailymail.co.uk/sciencetech/article-2959134/Robots-chequered-flag-Watch-self-driving-racing-car-beat-human-driver-sometimes.html을 보라.
24. "Computational aesthetics algorithm spots beauty that humans overlook: beautiful images are not always popular ones, which is where the crowd beauty algorithm can help, say computer scientists," *MIT Technology Review*, May 22, 2015, http://www.technologyreview.com/view/537741/computational-aesthetics-algorithm-spots-beauty-that-humans-overlook/을 보라.
25. "*The Economist* explains: How machine learning works," *The Economist* (blog), May 13, 2015, http://www.economist.com/blogs/economist-explains/2015/05/economist-explains-14/를 보라.
26. "Exploring the epic chess match of our time," *FiveThirtyEight* (video/text), October 22, 2014, http://fivethirtyeight.com/features/the-man-vs-the-machine-fivethirtyeight-films-signals/를 보라.
27. Tyler Cowen, "What are humans still good for? The turning point in Freestyle chess may be approaching," *Marginal Revolution: Small Steps toward a Much Better World*, November 5, 2013, http://marginalrevolution.com/marginalrevolution/2013/11/what-are-humans-still-good-for-the-turning-point-in-freestyle-chess-may-be-approaching.html와, Mike Cassidy, "Centaur chess brings out the best in humans and machines," *BloomResearch* (blog), December 14, 2014, http://bloomreach.com/2014/12/centaur-chess-brings-best-humans-machines/를 보라.
28. Walter Frick, "When your boss wears metal pants," *Harvard Business Review*, June 2015, https://hbr.org/2015/06/when-your-boss-wears-metal-pants/를 보라.
29. Lindsay Fortago, Philip Stafford, and Aliya Ram, "Flash crash: ten days in hounslow," *Financial Times*, April 22, 2015, http://www.ft.com/intl/cms/s/0/9d7e50a4-e906-11e4-b7e8-00144feab7de.html#axzz43Y1pFxDA/를 보라.
30. Byron Reeves and Clifford Nass, *The Media Equation: How People Treat Computers,*

Television, and New Media Like People and Places (New York: Cambridge University Press, 1996), 4.

31. Turkle, *Alone Together*.

32. Brooks, *Flesh and Machines*, 149에서 인용된 Sherry Turkle, *Life on the Screen*.

33. "iRobot's PackBot on the Front Lines," *Phys.org*, February 24, 2006, http://phys.org/news11166.html#jCp.Phys.org를 보라.

34. Singer, *Wired for War*, 338.

35. M. K. Lee et al., "Ripple effects of an embedded social agent: a field study of a social robot in the workplace," in *Proceedings of CHI 2012*, http://www.cs.cmu.edu/~kiesler/publications/2012/Ripple-Effects-Embedded-Agent-Social-Robot.pdf를 보라.

36. Brooks, *Flesh and Machines*, 180.

37. 앞의 책., 236.

9강

1. Brynjolfsson and McAfee, *Second Machine Age*, 159–62.

2. 세대 간 이동에 대해서는, Tony Judt, *Ill Fares the Land* (New York: Penguin Books, 2010)를 보라.

3. Jacob Aron, "Forget the Turing test — there are better ways of judging AI," *New Scientist*, September 21, 2015, https://www.newscientist.com/article/dn28206-forget-the-turing-test-there-are-better-ways-of-judging-ai/.

4. 물론 이것은 토머스 쿤(Thomas Kuhn)이 자신의 책 *The Structure of Scientific Revolutions* (Chicago: University of Chicago Press, 1962)에서 제시한 "패러다임 전환(paradigm shift)"의 경로이다.

5. Gary Marchant, "A.I. thee wed: humans should be able to marry robots," *Slate*, August 10, 2015, http://www.slate.com/articles/technology/future_tense/2015/08/humans_should_be_able_to_marry_robots.html을 보라.

6. Securities and Exchange Commission (SEC), "Findings Regarding the Market Events of May 6, 2010: Report of the Staffs of the CFTC and SEC to the Joint Advisory Committee on Emerging Regulatory Issues," September 30, 2010, http://www.sec.gov/news/studies/2010/marketevents-report.pdf를 보라.

7. William Langewiesche, "The Human Factor," *Vanity Fair*, September 17, 2014, http://www.vanityfair.com/business/2014/10/air-france-flight-447-crash/를 보라.

8. "Despite Buzz, Navy Will Still Teach Stars," Ocean Navigator, January–February 2003, http://www.oceannavigator.com/January-February-2003/Despite-buzz-Navy-will-still-teach-stars/를 보라.

9. Kurzweil, *The Singularity Is Near*, 135–36.

10. 2016년 현재 구글은 로봇 공학 팀의 리더를 없앴다. 분명히 말하자면, 나는 커즈와일이 로봇 공학에 공을 들이는 구글(혹은 모기업인 알파벳)의 경영과 연관되어 있음을 주장하는 것이 아니다. 구글이 커즈와일을 고용한 것은 오히려 소위 '특이점'과 로봇의 상업화를 연결하려는 기업의 분위기나 헌신을 반영할 수도 있음을 말하는 것이다. Connor Dougherty, "Alphabet shakes up its robotics division," *New York Times*, January 15, 2016, http://www.nytimes.com/2016/01/16/technology/alphabet-shakes-up-its-robotics-division.html을 보라.

11. Greg Ross, "Interview with Douglas Hofstadter" (conducted January 2007), *American Scientist* [no date], http://www.americanscientist.org/bookshelf/pub/douglas-r-hofstadter/를 보라.

12. Antonio Damasio, *Descartes' Error: Emotion, Reason, and the Human Brain* (New York: Putnam, 1994), 226.

13. H. P. van Dalen and K. Henkens, "Comparing the effects of defaults in organ donation systems," *Social Science and Medicine* 106 (2014): 137–42.

14. 예컨대 Frank Geels, "Co-evolution of technology and society: the transition in water supply and personal hygiene in the Netherlands (1850–1930) — a case study in multi-level perspective," *Technology in Society* 27 (2005): 363–97을 보라.

용어 해설

경로 의존성(path dependence) 기술적 영역에서, 현재의 선택지들은 과거의 결정들에 제약된다는 관념. 철로의 규격, 타자기의 자판 배열, 워드프로세서 소프트웨어 등은 경로 의존성이 시장에서 어떻게 더 나은 혁신을 가로막을 수 있는지를 보여 주는 공통적인 사례이다.

라이더(Lidar) 레이저로 목표물을 조준하고 반사된 빛을 분석함으로써 거리를 측정하는 원격 감지 기술. 라이더는 구글의 1세대 자율 주행 차량에서 결정적인 구성물이었다.

로봇(robot) 로봇 공학의 개척자인 조지 베키에 따르면, "감각 능력을 가지고 생각하고 행동하는 기계를 가리킨다. 따라서 로봇은 센서, 즉 인지 능력의 어떤 측면들을 모방하는 처리 능력, 그리고 구동을 가지고 있어야 한다." 문화적 차원에서 말하자면, 로봇은 인간과 유사한 능력을 드러내 보이는 기계적인 사물을 가리키는 경향이 있다.

로봇 공학(robotics) 로봇을 연구하고 설계하고 제작하는 것을 결합한 분과 학문. 컴퓨터 과학을 필두로 재료 과학, 심리학, 통계학, 수학, 물리학, 그리고 공학에도 의존한다. 이 용어는 SF 작가인 아이작 아시모프가 1940년대에 만들었다.

무어의 법칙(Moore's Law) 인텔의 공동 창업자인 고든 무어는 1965년 통합 회로 기판에 있는 트랜지스터의 수와, 트랜지스터의 전체 처리 용량은 2년마다 거의 2배로 증가한다는 관찰을 제시했다. (이 법칙은 현재 50년 이상 옳았다.) 로봇이 수행하는 많은 작업들이 계산에서 더 많은 능력을 요구하면서, 증가된 처리 능력은 이 작업들을 더 실행 가능하고 비용 대비 효과적으로 만든다.

무인 운반차(Automated Guided Vehicle, AGV) 일상적인 물자를 나르기 위해 종종 어떤 시설에서 미리 프로그램된 경로를 따라 이동하는, 트럭 형태의 바퀴가 달려 있거나 썰매 형태를 띠는 무인 차량. 로봇 차량과 달리 무인 운반차는 자율적이지도 않고 원격으로 조종되지도 않는다.

무인 항공기(Unmanned Aerial Vehicle, UAV) 미군이 탐색과 군수품 배달 목적으로 사용하는 통상 "드론"을 가리키는, 원격으로 조종하는 비행 장치.

미국 방위 고등 연구 계획국(Defence Advanced Research Projects Agency, DARPA) 미국 국방부 산하 기관으로, 군사 용도의 첨단 기술 개발에 책임이 있다. 공격적으로 자율 차량과 로봇 연구를 지원해 왔다.

빅 데이터(big data) 전통적인 데이터 처리 능력을 초과하는 규모를 지닌 데이터 세트를 가리킨다. 센서를 장착한 대량의 로봇을 이용하는 일이 이러한 대규모의 데이터를 생산하는 데 핵심적이기에, 빅 데이터 도구들은 종종 데이터를 관리하거나 분석하는 데 동원된다.

사이보그(Cyborg) 인공적인 제어 시스템과 유기적인 제어 시스템을 융합시킨 존재. 로봇 공학의 맥락에서, 사이보그는 전형적으로 컴퓨터화되거나 로봇 공학적인 능력을 적용해 능력이 증강된 인간을 가리킨다.

센서(sensor) 로봇의 공간적 맥락과 조종 맥락 — 로봇이 어디로 가야 하고 어디를 피해야 하는지, 그리고 온도나 습도와 같이 로봇의 작동과 관련된 지표는 어떠한지 — 을 토대로 로봇에 위치를 부여하는 감지 도구.

안드로이드(Android) 전통적으로 "인간을 닮은 자동 기계"를 가리킨다. (『옥스퍼드 영어 사전』)

인공 지능(Artificial Intelligence, AI) 보편적이거나 제한된 영역에서 인간의 인지 능력을 컴퓨터화된 형태로 재창조하려는 것과 관계된 컴퓨터 과학의 분야 혹은 그와 같은 재창조물. 기계 시각과 기계 학습(음성 인식 포함)이 로봇 공학과 관련된 인공 지능의 두 하위 분야이다.

인간-로봇 상호 작용(Human-Robot Interaction, HRI) 인간들 사이에 섞여 있는 자율적 로봇들에 대한 인간 반응을 연구하는, 특히 상대적으로 연구가 덜 된 로봇 공학의 한 분야.

더 읽을거리

Brooks, Rodney. *Flesh and Machines: How Robots Will Change Us*. Cambridge, MA: MIT Press, 2002.

Brynjolfsson, Erik, and Andrew McAfee. *The Second Machine Age: Work, Progress, and Prosperity in a Time of Brilliant Technologies*. New York: Norton, 2014.

Eggers, Dave. *The Circle*. New York: Knopf, 2013.

Kurzweil, Ray. *The Singularity Is Near: When Humans Transcend Biology*. New York: Viking, 2005.

Lanier, Jaron. *You Are Not a Gadget: A Manifesto*. New York: Knopf, 2010.

Markoff, John. *Machines of Loving Grace: The Quest for Common Ground Between Humans and Robots*. New York: Ecco, 2015.

Nourbakhsh, Illah Reza. *Robot Futures*. Cambridge, MA: MIT Press, 2013.

Reeves, Byron, and Clifford Nass. *The Media Equation: How People Treat Computers, Television, and New Media Like People and Places*. New York: Cambridge University Press, 1996.

Singer, P. W. *Wired for War: The Robotics Revolution and Conflict in the 21st Century*. New York: Penguin Books, 2009.

옮긴이 후기

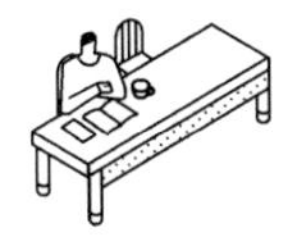

각각 심리학과 수학, 사회학 전공자인 우리는 최근 1~2년간 근무지인 GIST(광주과학기술원)의 지원을 받아 '포스트휴먼(post-human)'을 주제로 하는 융합 학문 연구에 참여할 기회를 갖게 되었다. 이 주제는 우리가 개별적으로 오랫동안 전념하던 연구 주제에 비해 생소했던지라 참여 초기에는 우리 모두 얼마간 적응 기간이 필요했다. 하지만 연구를 진행할수록 그 주제를 최근 급격하고 새로운 기술-사회적 전환점("4차 산업 혁명" 등 그 표현이 무엇이 되었든 말이다.)을 전망하는 우리 사회 전반에서 매우 시의성 있고 중심적인 함의를 갖는 것으로 인식하게 되었다. 그리고 이 '포스트휴먼'이라는 주제와 관련된 몇 가지 구성적 주제들을 살펴보면서 무엇보다 로봇이라는 주제에 관심이 모였다. 물론 우리의 전공 특성상 관심은 로봇 공학이나 로봇 설계 등의 이공학적인 부분보다는 로봇과 인간의 관계, 로봇과 사회의 관계 등 더욱 융합적이고 다학문적인 측면에 기울어 있었다. 이런 상황에서 존 조던의 『로봇 수업』을 주목하게 되었고, 번역을 해서 이 책을 국내 독자들에게 소개하자는 결정을 내리는 데는 긴 시간이 필요하지 않았다. 이 책이 국내에 소개된 기존의 로봇 관련 도서들과는 구별되는 분명한 특징이 있기 때문이었다.

첫째, 이 책은 로봇과 관련된 다양하고 포괄적인 주제를 다룬다. 1강에서는 로봇에 대한 이해를 가로막는 오해들을 지적하면서 로봇 공학의 중요성을 말하고, 2강에서는 로봇의 개념이 탄생하기까지의 역사적 배경을 서술한다. 3강에서는 로봇의 개념과 이미지를 형성하는 데 영향을 미쳤던 대중 문화에 대한 심도 있는 분석을 제공하고, 4강에서는 로봇 공학의 현주소를 논의하면서 더욱 기술적인 부분까지도 친절하게 설명한다. 5강과 6강에서는 각각 현재 로봇 공학 기술이 집약되어 활용되거나 가까운 미래에 활용될 분야의 대표적 사례들인 자율 주행 자동차와 군사용 로봇을 자세히 검토하면서, 기술적인 부분뿐만 아니라 이 로봇의 사용과 함께 나타나는 사회 문화적 영향에 대한 뛰어난 분석 역시 제공하고 있다. 이어서 7강에서는 로봇이 세계 경제에 미치는 영향을, 8강에서는 로봇과 인간의 사회적 상호 작용을 설명한다. 마지막 9강에서는 로봇의 미래, 인간의 미래, 그리고 이 둘이 협력하는 우리의 미래를 논한다. 이처럼 이 책은 드물지만 이 주제와 관련해 국내에서 출간된 기존의 도서들이 주로 그러하듯이 로봇 공학의 한두 가지 특정 측면에 치우쳐 논의가 집중된 성격의 책이라기보다, 로봇과 관련해 과학 기술뿐만 아니라 인문 사회적 측면의 논제들을 포괄하고 있는 매우 융합적이고 균형 잡힌 시각의 책이라 할 수 있다.

둘째, 이 책은 현실성과 시의성을 갖추었다. 최근 국내에 소개되고 있는 로봇 혹은 인공 지능 관련 서적들은 주로 이 인공물들과 함께할 미래를 이야기한다. 물론 로봇과 함께하는 미래를 정확히 예측하고 그에 맞는 적절한 대비를 하는 것은 매우 중요하다. 하지만 미래 예측은 현실에 대한 냉철하고 면밀한 분석을 통해서 가능하다. 이런 관점에서 이 책은 로봇과 함께하는 미래를 더욱 현실적인 근거를 가지고 상상하고 싶은 사람에게 꼭 필요한 책이다. 즉 이 책은 로봇과 관련해 주로 영화나 문학 등과 같은 문화적 창작물이나 미래학적 저술의 상상, 혹은 기대와 불안에 근거해 앞으로 30년 혹은 100년 후의 미래를 이야기하기보다는 무엇보다도 지금 현실로 존재하는 로봇과 로봇 공학을 이야기한다. 현재의 로봇 공학 기술에 대해, 그리고 현재 로봇 공학이 인간과 사회에 미치는 영향에 대해 철저한 분석을 제공하고 있는 것이다. 로봇과 함께할 미래에 대한 막연한 낙관론이나 대책 없는 비관론을 가지고 있는 사람에게 이 책은 현실에 입각한 로봇의 현주소를 정확하게 제공하리라 기대한다.

이 책은 로봇 공학의 발전을 통해서 인간 능력의 "계산-기계 공학적(compu-mechanical)" 확장이 가능해질 것이라고 기대한다. 그리고 로봇 공학을 통해 증강된 인간 능력은 더 높은 수준의 인간-로봇 협력 혹은 상호 작용을 가능하게 할 것이라고 주장한다. 로봇 공학의 발전은 인간을 배제한 채 독립적으로 이루어지는 것이 아니고, 인간과의 끊임없는 상호 작용과 검증 과정을 통해서 달성될 수 있다. 컴퓨터 과학과 인공 지능의 급속한 발전으로 인해 독립성과 자율성을 지닌 로봇 등의 인공물이 등장하고 이러한 인공물의 능력이 인간을 뛰어넘을 시점이 약 30여 년 후면 도래한다는 레이 커즈와일의 특이점 이론이나, 인공물이 인류를 지배하는 미래에 대한 한스 모라벡의 주장이 얼마나 실현 가능한지는 잠시 접어 두자. 저자가 이 책에서 끊임없이 주장하는 바는 바로 인간과 로봇의 협력이 무엇보다도 중요하다는 것이다. 저자는 특히 이 책의 8장에서 인간과 로봇의 상호 작용을 이해함으로써 어떻게 인간과 로봇 간의 다양한 협력 관계를 이끌어 낼 것인지를 심도 있게 논의하고 있다.

2018년 대한민국에 사는 우리는 왜 이 책을 읽어야 할까? 약간은 놀라운 통계를 하나 소개하고자 한다. 국제 로봇 연맹이 발표한 2017년 세계 로봇 통계 자료에 따르면 종업원 1만 명당 로봇의 대수를 의미하는 로봇 밀도 1위 국가는 바로 대한민국이다. 우리나라의 로봇 밀도는 631대로 세계 평균보다 약 8배 높다. 물론 산업용 로봇의 수에 큰 영향을 받은 통계 수치로서, 이것이 그 나라의 로봇 공학 기술이나 로봇 산업 수준을 말해 주지는 않는다. 그러나 우리가 인지하지 못하고 있었을 뿐 우리나라는 이미 전 세계에서 로봇이 가장 많이 사용되는 나라 중 하나이다. 우리가 모르는 사이에 로봇은 우리 삶의 영역에 이미 깊숙이 들어와 있는 것이다. 이러한 상황에서 로봇과 로봇 공학에 대한 포괄적인 소개와 심도 있는 분석을 담고 있는 이 책을, 공학이나 과학을 전공하는 전문가나 학생들에게는 물론이거니와 일반 독자들에게도 일독하기를 권한다.

이 책의 번역을 완수하기까지 많은 분들의 도움이 있었다. 서두에서도 밝힌 바와 같이 먼저 서로 다른 전공자들이 함께 모여서 융합 연구를 시작할 수 있게끔 지원해 주신 GIST 문승현 총장님과 관계자 분들께 감사드린다. 그리고 이 책의 번역에는 함께하지 못했지만 이 융합 연구에 함께 참여해 지식을 교환하고 공유하면서 상이한 분야에서 많은 지적 자극을 제공해 주신 동료 교수들께도 감사드린다. 이 책의 출간을 계기로, 우리가 이 같은 연구를 진행하고 있는 GIST 융합학문연구실에서는 능력과 여건이 허락하는 대로 로봇 공학 및 로봇과 관련된 융합적이고 학제적인 연구를 국내에 소개하는 일과 자체적인 관련 연구를 계속할 예정이다. 아울러 이 책이 출판되는 데 처음부터 함께 힘써 준 (주)사이언스북스 편집부에도 감사를 전한다.

GIST 융합학문연구실에서

장진호, 최원일, 황치옥

찾아보기

라

마

바

사

아

자

차

카

타

파

하

옮긴이 장진호 미국 일리노이 대학교 어바나샴페인 캠퍼스에서 발전 사회학으로 박사 학위를 받았다. 현 GIST 기초교육학부 교수이다. 주 연구 분야는 사회 변동론, 정치 사회학, 경제 사회학이며 옮긴 책으로 『주식회사 한국의 구조조정』이 있다.

최원일 미국 노스캐롤라이나 대학교 채플힐 캠퍼스에서 인지 심리학으로 박사 학위를 받았다. 현 GIST 기초교육학부 교수이다. 인간의 언어 및 인지 정보 처리에 관한 연구를 진행하고 있으며, 최근 인간-로봇 상호 작용 분야로 관심의 영역을 확장하고 있다.

황치옥 미국 남부 미시시피 대학교에서 과학 계산으로 박사 학위를 받았다. 현 GIST 기초교육학부 교수이다. 주 연구 분야는 계산 과학의 수학적 언어인 과학 계산이다. 저서로 『과학과 종교의 시간과 공간』이 있다.

로봇 수업

1판 1쇄 펴냄 2018년 6월 25일
1판 6쇄 펴냄 2022년 9월 30일

지은이 존 조던
옮긴이 장진호, 최원일, 황치옥
펴낸이 박상준
펴낸곳 ㈜사이언스북스

출판등록 1997.3.24.(제16-1444호)
(06027) 서울특별시 강남구 도산대로1길 62
대표전화 515-2000, 팩시밀리 515-2007
편집부 517-4263, 팩시밀리 514-2329

www.sciencebooks.co.kr

ISBN 979-11-89198-00-8 03500

이 책은 해동과학문화재단의 지원을 받아
NAEK 한국공학한림원과 (주)사이언스북스가 발간합니다.